# Wissenschaftskommunikation im Wandel

Rafael Ball

# Wissenschaftskommunikation im Wandel

Von Gutenberg bis Open Science

 Springer VS

Rafael Ball
Zürich, Schweiz

ISBN 978-3-658-31540-5     ISBN 978-3-658-31541-2  (eBook)
https://doi.org/10.1007/978-3-658-31541-2

Die Deutsche Nationalbibliothek verzeichnet diese Publikation in der Deutschen National-
bibliografie; detaillierte bibliografische Daten sind im Internet über http://dnb.d-nb.de abrufbar.

© Springer Fachmedien Wiesbaden GmbH, ein Teil von Springer Nature 2021
Das Werk einschließlich aller seiner Teile ist urheberrechtlich geschützt. Jede Verwertung, die nicht ausdrücklich vom Urheberrechtsgesetz zugelassen ist, bedarf der vorherigen Zustimmung des Verlags. Das gilt insbesondere für Vervielfältigungen, Bearbeitungen, Übersetzungen, Mikroverfilmungen und die Einspeicherung und Verarbeitung in elektronischen Systemen.
Die Wiedergabe von allgemein beschreibenden Bezeichnungen, Marken, Unternehmensnamen etc. in diesem Werk bedeutet nicht, dass diese frei durch jedermann benutzt werden dürfen. Die Berechtigung zur Benutzung unterliegt, auch ohne gesonderten Hinweis hierzu, den Regeln des Markenrechts. Die Rechte des jeweiligen Zeicheninhabers sind zu beachten.
Der Verlag, die Autoren und die Herausgeber gehen davon aus, dass die Angaben und Informationen in diesem Werk zum Zeitpunkt der Veröffentlichung vollständig und korrekt sind. Weder der Verlag, noch die Autoren oder die Herausgeber übernehmen, ausdrücklich oder implizit, Gewähr für den Inhalt des Werkes, etwaige Fehler oder Äußerungen. Der Verlag bleibt im Hinblick auf geografische Zuordnungen und Gebietsbezeichnungen in veröffentlichten Karten und Institutionsadressen neutral.

Springer VS ist ein Imprint der eingetragenen Gesellschaft Springer Fachmedien Wiesbaden GmbH und ist ein Teil von Springer Nature.
Die Anschrift der Gesellschaft ist: Abraham-Lincoln-Str. 46, 65189 Wiesbaden, Germany

# Vorwort

Wissenschaftlerinnen und Wissenschaftler stehen nicht nur in einem regen mündlichen Austausch, sie veröffentlichen auch ihre Forschungsergebnisse in Büchern, Zeitschriften und den verschiedensten Internetmedien. Dieser Austausch von Ideen, Hypothesen und Forschungsresultaten ist von größter Bedeutung für die Diskussion und Weiterentwicklung des Wissens und der Erkenntnisse. Die Kommunikation unter den Wissenschaftlerinnen und Wissenschaftlern bezeichnet man als Wissenschaftskommunikation, im Englischen als „Academic oder Scholarly Communication" (im Unterschied zur «Science Communication», die Übertragung wissenschaftlicher Inhalte in allgemeinverständliche Beiträge meint und eigentlich Wissenschaftsjournalismus ist).

Thema des vorliegenden Buches ist die Darstellung der Wissenschaftskommunikation von den Anfängen bis zur Gegenwart. Die „Scholarly Communication" wandelt sich aktuell in geradezu revolutionärer Weise. Digitalisierung der Inhalte, Plattformtechnologien, freier Zugang zu wissenschaftlichen Daten, Zeitschriftenkrise, Quantifizierung von Wissenschaft und Open Access sind als Transformation des Publikationswesens zu einer zentralen Bewegung in der Wissenschaft, den Bibliotheken und Verlagen geworden. Der Ausgang dieser Diskussion und die Ergebnisse der Transformation des Publikationssystems werden die Wissenschaftskommunikation und ihre Strukturen dramatisch verändern.

Das vorliegende Buch schlägt einen weiten Bogen von den Anfängen der Wissenschaftskommunikation in der Antike, die noch als persönlich-mündlicher Wettstreit zwischen den Gelehrten stattfand, über die Entstehung der institutionalisierten Wissenschaftskommunikation und den verschiedenen medialen Ausprägungen als Buch, Zeitschrift oder Briefwechsel bis hin zu den aktuellen (techniktriebenen) Formen und Trends der Wissenschaftskommunikation und ihrer Transformation im zweiten Jahrzehnt des 21. Jahrhunderts. Dabei werden auch Fragen nach der Natur des Erkenntnisprozesses selbst gestellt und nach dem Beitrag, den eine Veröffentlichung zum eigentlichen Erkenntnisgewinn leistet.

Das Buch richtet sich gleichermaßen an interessierte Wissenschaftler, an die Praktiker in Bibliotheken und Verlagen und eignet sich ebenfalls als Einführung und Kompendium für Studierende sowie für den interessierten Laien. So wurde trotz sorgfältiger Quellenarbeit auf eine allzu komplexe Textur zugunsten besserer Lesbarkeit verzichtet.

Mein Dank gilt Sonja Hierl für anregende Diskussionen, Recherchen zu Fragestellungen und für ihren wertvollen informationswissenschaftlichen Input, ebenso Rahel Hochstrasser für die hilfreichen inhaltlichen Reflexionen und die aufwendige Unterstützung beim Layout.

Ebenso danke ich dem Springer Verlag für die Realisierung des Buchprojekts.

Zürich, im Juli 2020

# Inhalt

1 Einleitung .................................................... 1

2 Die Entstehung institutionalisierter Wissenschaftskommunikation ... 11
2.1 Die Entwicklung der Sprache und die Erfindung der Schrift ....... 11
2.2 Von der mündlichen zur schriftlichen Kommunikation:
Der erste Paradigmenwechsel in der
Wissenschaftskommunikation ............................... 19
2.3 Die Erfindung des Buchdrucks und seine Bedeutung für die
Verbreitung des Wissens in der Renaissance .................... 24
2.4 Der Briefwechsel als Medium der Wissenschaftskommunikation ... 33
2.5 Die ersten wissenschaftlichen Zeitschriften ..................... 35

3 Der Aufstieg der Wissenschaften, die Ausdifferenzierung
der Disziplinen und die Verbreitung von Zeitschriften und
Büchern im 19. Jahrhundert ...................................... 45
3.1 Die Differenzierung der Wissenschaften und die Vielfalt der
Disziplinen ................................................ 45
3.2 Die Explosion der wissenschaftlichen Kommunikationsmittel ..... 50

4 Wissenschaft als Massenphänomen: Die Explosion des Wissens
und seiner Medien im 20. Jahrhundert ............................ 55
4.1 Wissenschaft am Anfang des 20. Jahrhunderts (Länder,
Sprachen, Themen) ......................................... 55
4.2 Die Unterschiede in der Wissenschaftskommunikation von
Geistes- und Naturwissenschaften ............................ 64
4.3 Die Quantifizierung des Wissens: Der Science-Citation-Index
als Modell der Wissenschaftsbewertung ........................ 69

## 5 Wissenschaftskommunikation in der Gegenwart ... 77
- 5.1 Die Digitalisierung der Wissenschaftskommunikation ... 77
- 5.2 Das Internet und die Konsequenzen für die Wissenschaftskommunikation ... 85
- 5.3 Die Zeitschriftenkrise und ihre Bedeutung für die Wissenschaftskommunikation ... 88
- 5.4 Die Open-Access-Bewegung und die Wissenschaftskommunikation ... 91
- 5.5 Eine kurze Geschichte von Open Access ... 93
- 5.6 Die ersten Open-Access-Zeitschriften ... 102
- 5.7 Verlage und Bibliotheken als Partner in der Wissenschaftskommunikation ... 108

## 6 Die Zukunft der Wissenschaftskommunikation ... 113
- 6.1 Vom Erkenntnisprozess zur Veröffentlichung und Digital Science ... 113
- 6.2 Das Ende des linearen Textes ... 118
- 6.3 Ausblick ... 126

Literaturverzeichnis ... 129

# Abbildungsverzeichnis

| | | |
|---|---|---|
| Abb. 1 | Erkenntnisprozess der Wissenschaft | 3 |
| Abb. 2 | Die Schule von Athen von Raffael (1510/1511) | 4 |
| Abb. 3 | In diesem Lagerraum des Barbarastollens in der Nähe von Freiburg im Breisgau werden fotographisch archivierte Dokumenten mit hoher national- oder kulturhistorischer Bedeutung aufbewahrt | 6 |
| Abb. 4 | Keilschrifttafel aus der Kirkor Minassian Collection der Library of Congress | 13 |
| Abb. 5 | Jean Miélot, ein namentlich bekannter Schreiber, Illustrator von Handschriften, Übersetzer, Autor und Priester aus Nordfrankreich in seinem Skriptorium (nach 1456) | 26 |
| Abb. 6 | Johannes Gutenberg (139*-1468), Kupferstich, 16. Jahrhundert | 29 |
| Abb. 7 | Titelseite der ersten Ausgabe des Journal des Sçavans (1665) | 39 |
| Abb. 8 | Titelseite der ersten Ausgabe der Zeitschrift Philosophical Transactions of the Royal Society (1665) | 41 |
| Abb. 9 | Universitätsgelände der Universität Bologna | 47 |
| Abb. 10 | Entwicklung der Anzahl wissenschaftlicher Zeitschriften 1665–2001 | 53 |
| Abb. 11 | Prozentuale Steigerung der Anzahl wissenschaftlicher, referierter Zeitschriften 1900–2000 | 59 |
| Abb. 12 | Modell des ersten sowjetischen Satelliten „Sputnik 1", der die Erdumlaufbahn erreichte | 63 |
| Abb. 13 | Quellennutzung in Naturwissenschaft und Technik vs. Sozial- und Geisteswissenschaften | 68 |
| Abb. 14 | Publikationsformate in der Archäologie | 69 |
| Abb. 15 | Den Science Citation Index gibt es schon seit 1963 als gedruckte Ausgabe mit einem komplexen Verweisregister. | 73 |
| Abb. 16 | Mikrofiche (Ausschnitt im Kleinbildformat gescannt) | 82 |

| | | |
|---|---|---|
| Abb. 17 | Durch starke Komprimierung können im Mikrofichständer sehr viele Medien repräsentiert und durchsucht werden | 83 |
| Abb. 18 | Screenshot der Startseite sherpa romeo Datenbank | 106 |
| Abb. 19 | Als Kombination aus Annotations- und Literaturverwaltungsprogramm bietet die App „Papers" von Readcube eine unterstützende Umgebung zur Bearbeitung von und der Arbeit mit Quellen | 120 |
| Abb. 20 | Der frei wählbare Text wird anhand von Algorithmen analysiert und in Form eines Netzwerks dargestellt, bei dem die Größe der Knotenpunkte die Häufigkeit einzelner Wörter darstellt und die Verbindungen zwischen den Knotenpunkten die inhaltliche Nähe der korrespondierenden Wörter repräsentieren | 126 |

# Einleitung

Der Privatgelehrte, der im Studierzimmer seines alten Schlosses selbstvergnügt (oder sich selbst kasteiend) Wissenschaft betreibt und mit niemandem darüber spricht, ist die Erfindung schlechter Krimis oder mittelmäßiger Serien. Denn seit die Menschen sich Gedanken darüber machen, „was die Welt Im Innersten zusammenhält", wie Goethe (von Goethe, 1808, S. 34, Z. 383) es formuliert hat, sprechen sie miteinander über ihre Fragen und möglichen Antworten. Tatsächlich ist es ein Teil des wissenschaftlichen Prozesses selbst, dass Wissenschaftler und Forscher über ihre Erkenntnisse miteinander reden, sich austauschen, ihre Ideen und Hypothesen diskutieren, revidieren oder bestätigen. Damit ist die Wissenschaftskommunikation ein immanenter Bestandteil von Wissenschaft und Forschung und gehört gleichzeitig zum notwendigen Handwerkszeug des Wissenschaftlers wie Methoden, Technologien und Bibliotheken.

Ganz in diesem Sinne definiert der Wissenschaftssoziologe Derek de Solla Price (1922–1983) Wissenschaft. Für ihn ist Wissenschaft das, was in angesehenen wissenschaftlichen Zeitschriften veröffentlicht wird und ein Wissenschaftler ist ein Mensch, der in solchen Zeitschriften etwas veröffentlicht hat (De Solla Price, 1974, S. 6ff.). Natürlich müssen wir hierbei auch Veröffentlichungen in Buchform oder als Reihen und Serien mitdenken, ebenso die Veröffentlichung in Form von Vorträgen oder Postern auf einer wissenschaftlichen Konferenz.

Damit sind Publizieren und Veröffentlichen von Erkenntnissen einerseits und die Wahrnehmung von Ergebnissen anderer Forscher andererseits essenzielle Teile wissenschaftlicher Arbeit.

Es hat deshalb größte Bedeutung, wenn wir im Rahmen der aktuellen Open-Access-Diskussion heute von einem „Transformationsprozess des Veröffentlichungssystems" (Mittler, 2018) sprechen, der die Wissenschaftskommunikation grundlegend verändern wird.

Doch bevor Wissenschaftlerinnen und Wissenschaftler ihre Erkenntnisse kommunizieren können, müssen sie zunächst Erkenntnisse gewinnen. Es ist deshalb sinnvoll und hilfreich, sich ins Gedächtnis zu rufen, was Wissenschaft ist und wie sie funktioniert; denn noch vor die Wissenschaftskommunikation ist die Wissenschaft selbst gestellt (Seiffert, 1969).

Eine Definition in Meyers Konversationslexikon sieht Wissenschaft als „das System des durch Forschung, Lehre und überlieferte Literatur gebildeten, geordneten und begründeten, für gesichert erachteten Wissens einer Zeit" („Wissenschaft", 1905). Besonders wichtig aus der Sicht der Wissenschaftskommunikation sind hier die Punkte des „geordneten, begründeten und für gesichert erachteten Wissens". Dies ist eine wichtige Basis für eine mögliche Definition von Wissenschaftskommunikation, wie wir später noch sehen werden.

Dabei basiert das methodische Vorgehen von Wissenschaft auf der Wertschöpfungskette des Wissens (Ball, 2002, S. 26–27). Ausgehend von einem Wunsch nach Erkenntnis oder einer konkreten (wissenschaftlichen) Fragestellung, wird eine Idee entwickelt, die zu einer Hypothese ausgebaut wird. Die Verifizierung oder Falsifizierung dieser Hypothese durch Experimente, Studien, oder die Methoden der Induktion und Deduktion sind das Kernstück wissenschaftlichen Arbeitens. Erst nach diesem Schritt ist ein Erkenntnisgewinn (oder bei anwendungsnahen Forschungen die Lösung eines konkreten Problems) als Ergebnis der wissenschaftlichen Tätigkeit auszumachen. Bis dahin ist der Austausch über Inhalte noch eine rein interne Wissenschaftskommunikation. Die Diskussionen und der Gedankenaustausch im Umfeld dieser Prozesse bleiben im Wesentlichen unveröffentlicht und werden meist nur im engsten Kreis der Arbeitsgruppe geführt. Der eigentliche Schritt in die (externe) Wissenschaftskommunikation ist die Veröffentlichung der Ergebnisse, sei es als Buch, Zeitschriftenbeitrag, Konferenzvortrag oder wie seit Beginn der Digitalisierung in Form einer der vielfältigen Veröffentlichungsmöglichkeiten im Internet (Homepage, Blog, Tweet, Forum oder andere Social-Media-Anwendungen). Deshalb besteht (wie in Abbildung 1 dargestellt) ein qualitativer Unterschied zwischen der Veröffentlichung wissenschaftlicher Erkenntnisse und der (vorgeschalteten) Generierung derselben. Wissenschaftskommunikation im strengen Sinne (und messbare ohnehin) beginnt erst mit der Veröffentlichung der Ergebnisse.

Dann erst kann eine objektive, transparente und öffentliche Diskussion über die Inhalte (Ergebnisse, Methoden, Interpretationen, Einordnung) und mit den Autoren erfolgen. Ob diese Diskussion dabei in einem engeren Kreis der wissenschaftlichen Community oder in einer breiteren Öffentlichkeit stattfindet, ist hierbei gleichgültig.

# 1 Einleitung

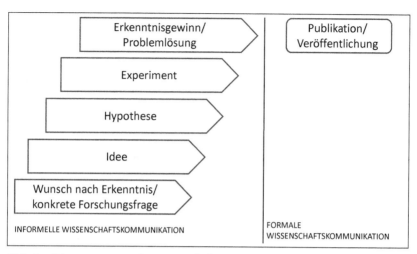

**Abb. 1** Erkenntnisprozess der Wissenschaft, Quelle: Eigene Darstellung

Vor diesem Hintergrund existiert ein einheitliches Verständnis von Wissenschaftskommunikation im Sinne einer Definition nicht. Es ist aber hilfreich, drei Aspekte der Wissenschaftskommunikation zu unterscheiden (Thorin, 2006, S. 221): erstens den wissenschaftlichen Ideenprozess und die informelle Kommunikation mit Kollegen im engeren Kreis, zweitens die Weiterverarbeitung, Konkretisierung und Kommunikation mit Kollegen, aus der dann drittens die formale, offizielle Kommunikation wird und das formale Endprodukt von Wissenschaftskommunikation (in Form eines Zeitschriften- oder Konferenzbeitrages, Buches usw.), das öffentlich verbreitet wird und zugänglich ist.

Wissenschaftskommunikation existierte lange bevor die Schriftlichkeit von Wissenschaft das „Scholarly Publishing" und die „Scholarly Communication" voneinander unterscheiden ließ. Denn noch bevor sich die Wissenschaft in ihre Disziplinen aufgliederte, hatte die antike Wissenschaft, die damals noch Philosophie im allumfassenden Sinne war und alle Fragen des Wissens und der Weisheit zum Gegenstand hatte, kommuniziert. Lange vor der Phase der Schriftlichkeit war bereits die mündliche Kommunikation institutionalisiert. Der Diskurs zwischen Lehrer und Schüler und zwischen den Gelehrten selbst stand im Mittelpunkt der antiken Wissenschaftskommunikation. Das direkte Gespräch zwischen den Wissenschaftlern und der so geschaffene Austausch beschreibt das Modell der synchronen Wissenschaftskommunikation, wie es beispielhaft in den antiken Akademien stattgefunden haben muss. Dabei steht der direkte Austausch von Person zu Person im Mittelpunkt (face-to-face-Kommunikation), eine mediale Vermittlung jenseits der mündlichen Sprache brauchte es nicht und existierte auch nicht (Rösch, 2004, S. 113–114.). Das ist auch ein Grund, warum wir von den frühen antiken philosophischen Konzepten keine oder nur mittelbare schriftliche Zeugnisse haben. Zudem waren Überlieferung und Verbreitung in Schriftform nicht das primäre wissenschaftliche Anliegen der Antike. Besonders von den Vorsokratikern haben wir wenig schriftliche Überlieferung, ebenso wie von Sokrates selbst.

**Abb. 2** Die Schule von Athen von Raffael (1510/1511) (public domain)

Die Entwicklung der Wissenschaftskommunikation folgte dabei seit der Antike dem Prinzip von der synchronen zur asynchronen Kommunikation. Dabei werden aber die Ausgangsformen der Kommunikation nicht einfach durch neue ersetzt, sondern bleiben neben diesen bestehen. So etwa ersetzen die Entwicklung des Buchdrucks und die erst dadurch geschaffene Möglichkeit, „ein räumlich verstreutes Publikum mit identischen Texten zu beliefern" (Rösch, 2004, S. 114), nicht die interpersonale Kommunikation, auch wenn die Form der Schriftlichkeit die

Struktur des Wissenschaftsprozesses und die wissenschaftliche Produktivität enorm verändert hat und zur dominierenden Form geworden ist. Denn wir beobachten heute nicht nur eine Unzahl wissenschaftlicher Konferenzen und Kongresse, auf denen die face-to-face-Kommunikation zwischen Wissenschaftlern als notwendiger interpersonaler Austausch in Ergänzung zur explizierten Kommunikation in Form schriftlicher Veröffentlichungen gepflegt wird, sondern erleben durch die interaktiven Möglichkeiten des Internets und der sozialen Medien ein technikvermitteltes Comeback der synchronen Kommunikation, wenn auch auf einer ganz andern technisch-strukturellen Ebene.

Die Entwicklung der Wissenschaftskommunikation ist dabei eng mit der Entwicklung der gesamten Wissenschaft und ihrer Struktur korreliert. Während das Mittelalter in wissenschaftlicher Hinsicht und vor allem im Hinblick auf die Menge der erschienenen Literatur eher unproduktiv war, stieg die Zahl der in der Wissenschaft tätigen (und daran interessierten) Personen und vor allem die Menge der Veröffentlichungen in der Renaissance deutlich an. Dies führte zu einer Neuordnung der auf verschiedenen Wegen überlieferten und nun verfügbaren oder verfügbar gemachten Texte der Antike zu einem neuen Weltbild. Insbesondere die Entwicklung des Buchdrucks mit beweglichen Lettern durch Johannes Gutenberg als echter medialer Paradigmenwechsel war nicht nur für die Verbreitung der Reformation und ihrer Ideen religionspolitisch überaus bedeutsam, sondern auch die notwendige Voraussetzung für die Verbreitung einer größeren Menge identischer Wissenschaftstexte zu bezahlbaren Preisen.

Mit der Entwicklung der fachlichen Disziplinen begann Ende des 18. Jahrhunderts die moderne Zeit für die Wissenschaft. Zu verschieden waren die Fragestellungen und Inhalte der Forschung und zu komplex die Themen, als dass sie von einem Universalgelehrten in einer einzigen Disziplin hätten bearbeitet und beantwortet werden können. Mit der Differenzierung in unterschiedliche Fachgebiete und ihren eigenen Methoden entstanden so neue wissenschaftliche Kommunikationsformen und jede weitere Disziplin forderte ihre je eigenen Publikationsorgane.

Im 19. Jahrhundert stieg die Zahl der Wissenschaftler und die ihrer Publikationen dann rasant an und mit ihnen die Anzahl der wissenschaftlichen Zeitschriften. Vom Beginn moderner Wissenschaftskommunikation spricht man allerdings erst mit dem Erscheinen von begutachteten Zeitschriften, also von Zeitschriften, deren einzelne Beiträge durch ein Peer-Review-Verfahren gegangen sind (Phelps, 1997). Bis dahin gab es nur eine wenig formalisierte und ausgeprägte Qualitätskontrolle bei der Veröffentlichung wissenschaftlicher Ergebnisse.

Zu Beginn des 20. Jahrhunderts konzentrierte sich die wissenschaftliche Welt im Wesentlichen auf Europa und die USA. Zentrale und wichtige Verlage waren dort ebenso angesiedelt wie die Herausgeber von relevanten wissenschaftlichen Zeitschriften. In einem fruchtbaren Nebeneinander dominierten in der Wissenschaft und ihren Kommunikationsorganen die Sprachen Englisch, Deutsch, Französisch und Russisch. Neben dem gedruckten Papier wurde das erste Nicht-Papiermedium der Neuzeit für die Wissenschaft entdeckt: Mikrofiche und Mikrofilm. Der Mikrofiche ist eine photographische Verkleinerung von auf Papier gedruckten Zeitschriften oder Büchern und muss durch ein Rückvergrößerungsgerät gelesen werden. Mit diesem Medium glaubte man damals, die Informationsflut in den Griff bekommen zu können. Der Mikrofiche brauchte wenig Platz, war leicht zu verschicken und günstig zu produzieren. Noch heute gibt es weltweit Projekte, die Literatur und anderes Schriftgut in Form von Mikrofiche oder Mikrofilm erhalten (Petersen, 1999). So werden in Europa relevante behördliche und staatliche Akten auf Mikrofiche kopiert und in Bergwerken langzeitarchiviert (siehe Abbildung 3).

**Abb. 3**
In diesem Lagerraum des Barbarastollens in der Nähe von Freiburg im Breisgau werden photographisch archivierte Dokumenten mit hoher national- oder kulturhistorischer Bedeutung aufbewahrt (CC BY-SA 3.0, © Jörgens.mi).

# 1 Einleitung

Aber auch in anderen Ländern, z. B. im indischen Madras, wird tamilische Literatur auf Mikrofilm gesichert. (Interessanterweise wird bei einem Nutzungswunsch aber vom Mikrofilm ein Digitalisat angefertigt[1]). Zwar hat es eine Reihe von Mikrofiche-Inhalten gegeben, aber das Papier wurde von diesem Medium nie verdrängt. Fast möchte man meinen, dass auch heute noch das 1913 von Riepl (freilich in Rücksicht auf antike, frühe Beschreibmaterialien) postulierte Gesetz gilt, wonach kein Medium ein anderes substituiert, sondern immer nur ergänzt (Riepl, 1913).

Die Eurozentrierung der Wissenschaft war spätestens mit dem Ende des Zweiten Weltkriegs beendet. Bis dahin bediente allein der Verlag „Julius Springer" (der mittelbare Vorgänger des heutigen Konzerns Springer Nature) 90 % des wissenschaftlichen Zeitschriftenmarkts in Europa. Die Wissenschaft, insbesondere die Natur- und die Technikwissenschaften, wurden internationaler und als Lingua Franca der Wissenschaft setzte sich allmählich Englisch durch. Die entscheidenden Zeitschriften wurden nicht mehr in der jeweiligen Landessprache veröffentlicht, sondern in englischsprachigen Journalen. Kongresse fanden zunehmend in englischer Sprache statt. Die rasante (internationale) Entwicklung der Wissenschaft, aber auch der Wettbewerb zwischen den politischen Blöcken im Kalten Krieg hatten zu einer weiteren explosionsartigen Zunahme des Wissenschaftsoutputs geführt. Und die Zahl der Veröffentlichungen stieg nahezu exponentiell an. Heute werden pro Jahr allein 2,1 Millionen wissenschaftliche Zeitschriftenbeiträge veröffentlicht.

Einen besonderen Schub für die Bedeutung von Wissen und Information verursachte der sogenannte Sputnik-Schock im Jahre 1957, als die Sowjetunion als erstes Land der Welt unerwartet einen Satelliten (Sputnik) in die Erdumlaufbahn geschossen hatte, der über Funk Signale an die Erde sendete (Dickson, 2001). Dessen Frequenz und Code waren allerdings vorab in russischen wissenschaftlichen Zeitschriften frei zugänglich veröffentlicht worden, ohne jedoch vom Westen wahrgenommen worden zu sein. In der Folge des Sputnik-Schocks entstand nicht nur ein weiterer Technik- und Rüstungswettlauf zwischen Ost und West, sondern auch eine besondere Beachtung der Wissenschaftskommunikation. Dies führte zur Lancierung großer Fachinformationsprogramme zur Sicherung und Zugänglichkeit wissenschaftlicher Erkenntnisse in der westlichen Welt und zur regelmäßigen Übersetzung russischsprachiger Zeitschriften ins Englische bis in die Gegenwart.

Die digitale Revolution und ihre Möglichkeiten, Informationen und Inhalte digital zu erzeugen, zu verarbeiten und zu speichern, bedeuten mit der Entwicklung des Internets und seiner Dienste wie dem WWW (World Wide Web) seit Beginn der 1990er Jahre einen weiteren Paradigmenwechsel in der Wissenschaftskommunikation. Zuvor war ab Mitte der 1980er Jahre eine kurze Periode der digitalen

---

1 So bspw. in der Roja Muthiah Research Library, URL: http://rmrl.in/, siehe: Ball (2007)

Speicherung wissenschaftlicher Inhalte auf Disketten und CD-ROM eingeschoben worden. Diese gingen aber bald nach der Etablierung der Online-Optionen des Internets massiv zurück, wenngleich auch noch heute einige wenige wissenschaftliche Daten auf CD-ROM verfügbar gemacht und verbreitet werden, etwa besondere Wirtschafts- oder Geographiedaten.

In kurzer Zeit stellten weite Teile der Verlagsindustrie Produktion, Vertrieb, Zugang und Archivierung ihrer wissenschaftlichen Angebote auf die neue digitale Technologie um. Diese Art der Wissenschaftskommunikation dominiert nun schon seit mehr als zwanzig Jahren insbesondere den Zeitschriftenmarkt.

Als Mitte der 1990er Jahre die Preise für Lizenzen und Abonnements wissenschaftlicher Zeitschriften extrem anstiegen, waren sie der Auslöser für die sogenannte Zeitschriftenkrise (Webster, 1991, S. 27). Denn in Folge sehr hoher Preise, einer massiven Konzentration auf dem STM-Verlagsmarkt (Scientific, Technical and Medical Publishers) und weitgehend stagnierender Bibliotheksetats waren viele Hochschulen gezwungen, große Teile ihrer (naturwissenschaftlich-technischen) Zeitschriften abzubestellen. Auf der Basis dieser Erfahrungen und der zunehmend elektronisch distribuierten Zeitschriften entwickelte sich die sogenannte Open-Access-Bewegung. Vor dem Hintergrund der neuen digitalen Produktions- und Vertriebsmöglichkeiten entstanden grundlegend neue Ideen, wie die Wissenschaftskommunikation im digitalen Zeitalter organisiert werden könnte. Dabei wurden auch Forderungen laut, dass die mit meist öffentlichen Mitteln finanzierten Forschungsergebnisse nicht ein weiteres Mal in Form von wissenschaftlichen Zeitschriften durch öffentlich finanzierte Bibliotheken von den Verlagen „zurückgekauft" werden, sondern der Allgemeinheit (kostenfrei) zu Verfügung gestellt werden sollten (Open Access). Die Unabhängigkeit von Zeit und Raum der digitalen Welt ist für die Wissenschaftskommunikation eine Revolution. Dieser Geist steckt auch in der Open-Access-Bewegung, die teilweise aber mit ihren Forderungen über das Sinnvolle und Machbare hinausgeht, indem sie erwartet, dass wissenschaftliche Informationen ständig immer und überall, aktuell kostenlos für jedermann zugänglich sind.

Heute gipfelt die Open-Access-Bewegung in der „Transformation des Publikationssystems", die die Umkehr der Zahlungsströme bei der Produktion von wissenschaftlichen Inhalten erreichen will. Nicht mehr der Abnehmer (z. B. die Bibliotheken einer Hochschule), sondern die Produzenten, also die jeweiligen Autoren wissenschaftlicher Veröffentlichungen, sollen für die Publikationen einen Beitrag bezahlen. Es sind bereits einige dieser sogenannten „Read and Publish Verträge" mit Verlagen geschlossen worden, während sich aber noch viele Verlage keine derartigen Businessmodelle vorstellen können. Noch ist auch ungewiss, welche Konsequenzen diese radikale Umkehr der jahrhundertelang erprobten

Verantwortungs- und Zahlungsströme vom Abnehmer zum Produzenten nach sich zieht und welche langfristigen Auswirkungen auf das wissenschaftliche Publizieren erwartet werden können.

Im (Über-)Schwang der Open-Data- und Open-Science-Bewegung, die Teil der Shared-Economy-Idee ist, werden Forderungen erhoben, dass nicht nur die Ergebnisse der Wissenschaft und Forschung für alle frei und kostenlos zugänglich sein sollten, sondern gar der Prozess der Wissenschaft als ganzer. Auch wenn viele gut gemeinte, ideelle Motivationen hinter diesen Ideen stecken, so scheint nicht nur allzu oft die Notwendigkeit interner „Zurückgenommenheit" (oder auch Zurückgezogenheit) von Wissenschaft und Forschung gerade in der frühen Phase der Erkenntnisgewinnung mit der wissenschaftsimmanenten Option des Scheiterns übersehen zu werden. Auch der (aus verschiedensten Gründen) existierende kompetitive Charakter von Wissenschaft und vielen Forschergruppen wird hierbei schlichtweg ignoriert.

Die digitale Welt bietet der Zukunft der Wissenschaft aber bereits heute ungeahnte und längst noch nicht durchgängig genutzte Möglichkeiten der alternativen Verbreitung und Kommunikation ihrer Ergebnisse und Diskussionen. Dass dabei auch neue Wege angedacht werden, die zurecht die Rolle der Intermediäre wie Verlage, Buchhandel, Agenturen und Bibliotheken kritisch hinterfragen, ist zumindest legitim. Wie Wissenschaftlerinnen und Wissenschaftler aber künftig arbeiten wollen, welcher Grad an Transparenz im Sinne einer öffentlichen Zurschaustellung des kompletten Erkenntnisgewinnungsprozesses dabei sinnvoll ist und wie offen und demokratisch die Diskussion der Ergebnisse etwa als Open-Peer-Review organisiert werden soll, kann nur die Wissenschaft selbst in einem breiten Diskurs ermitteln und festlegen. Die technischen Voraussetzungen dazu und die strukturelle Offenheit der Systeme waren selten besser.

# Die Entstehung institutionalisierter Wissenschaftskommunikation

## 2.1 Die Entwicklung der Sprache und die Erfindung der Schrift

*Seit drei Millionen Jahren gibt es Menschen auf der Erde, seit wenigen Jahrtausenden gibt es die Schrift.*

Bevor die Menschen sich Gedanken machen können, was sie sind, woher sie kommen und wohin sie gehen, müssen sie eine Form des Abstraktionsvermögens erreicht haben, die es ihnen möglich macht, auf der psychischen Ebene zu operieren, zu denken und zu kommunizieren. Die Koevolution von kognitiver Leistungsfähigkeit und Sprachvermögen ist inzwischen unbestritten, wenn auch längst nicht geklärt ist, in welcher zeitlichen Reihenfolge und vor allem in welchen kausalen Zusammenhängen und Abhängigkeiten sich diese beiden Fähigkeiten entwickelt haben. Es gibt auf der Erde seit rund drei Millionen Jahren Menschen (verschiedener Spezies!), doch der Beginn der Entwicklung menschlicher Sprache und ihrer anschließenden Ausdifferenzierung wird je nach Einschätzung der Forscherteams auf 300 000–100 000 Jahre v. Chr. geschätzt.

Auch (höher entwickelte) Tiere sind zur Kommunikation mit ihrer Umwelt einerseits und mit ihren Artgenossen andererseits in der Lage. Dennoch setzt diese Kommunikation die Anwesenheit und den direkten Bezug zum Objekt voraus und ist weder abstrakt noch hochdifferenziert wie die menschliche Sprache. Affen diskutieren in ihrer Horde also nicht über die Konkurrenzgruppe im Nachbarwald und deren aggressives Auftreten, noch analysieren sie nach der Jagd das Verhalten möglicher Beutetiere, um für das nächste Mal eine bessere Taktik anzuwenden.

Die grundlegende Frage nach der Entstehung der menschlichen Sprache aus den einfachen, wenig differenzierten und vor allem nicht konnotativ eingesetzten Lauten sowie der Zusammenhang mit der Entwicklung kognitiver Fähigkeiten der menschlichen Arten auf unserem Planeten sind noch nicht geklärt.

Es gibt zwei grundlegende Ansätze für einen Erklärungsversuch. Der erste geht von einer genetischen Mutation aus, die die Fähigkeit zur Sprache möglich gemacht hat und als Gen bei verschiedenen menschlichen Arten lokalisiert ist. Allerdings hat man keine wirkliche Vorstellung davon, welche Konsequenz eine solche Genmutation konkret hatte und ob sie eine kognitive oder eine sprachliche Revolution nach sich gezogen hat.

Die zweite Erklärungshypothese setzt bei der Evolution des menschlichen Lautapparates an und vermutet in der Weiterentwicklung und hochgradigen Ausdifferenzierung des (im Tierreich einmaligen) Kehlkopf-Zungen-Gaumenbereichs die Voraussetzung zur (phonetischen) Entwicklung der menschlichen Sprache (Lieberman, 2006, S. 269ff.).

Übereinstimmend gilt aber, dass die menschliche Sprache sich in mehreren Etappen entwickelt hat. Der direkten Auseinandersetzung mit ihrer Umwelt begegneten die frühen Menschen in den ersten 2,7 Millionen Jahren ihres Daseins mit dem im Tierreich bekannten Reiz-Reaktionsmechanismus. Ein auftauchender Löwe führt zur sofortigen Flucht des Menschen. Selbst wenn dabei Laute abgegeben werden, um die Mitglieder der Gruppe zu warnen, hat dies noch nichts mit Sprache und kognitiven Leistungen zu tun.

Erst wenn die konkreten Reize der Umwelt losgelöst vom eigentlichen Objekt betrachtet werden können und entsprechend darauf reagiert wird, entsteht als kognitiver Akt ein Zeichen im Sinne der Informationstheorie und damit die Grundlage für die Entwicklung von Sprache. Das Zeichen löst sich zunehmend vom Gegenstand ab und verweist nur noch (abstrakt) auf ihn. Damit ist eine kognitive Ebene in der Abstraktion erreicht, bei der sprachliche Leistungen und Denkleistungen enger miteinander verknüpft werden, die als Basis für die Gesamtentwicklung des Menschen und der Menschheit angesehen werden dürfen. Oder wie der Historiker Harari es formuliert, der Mensch kann Geschichten erzählen und damit (sprachliche) Wirksamkeit entfalten, die bis dahin unmöglich war. Damit erst ist die Grundlage geschaffen, einerseits komplexe gesellschaftliche Strukturen aufzubauen und soziale Systeme zu schaffen, die über die biologisch möglichen Horden- oder Gruppengrößen hinausgehen, damit Distanzen überwunden werden können. Auf dieser Grundlage erst kann sich soziale Interaktion als konstituierendes Element menschlicher Gesellschaft etablieren (Harari, 2015, S. 37–38).

Erst jetzt, mehr als 2,7 Millionen Jahre nach der biologischen Entstehung der Menschenarten waren die Voraussetzungen gegeben, dass Fragen nach dem Warum und dem Sinn des „Hinein-Geworfen-Seins in die Welt" (Heidegger, 1927, S. 135) gestellt und mit den unterschiedlichsten Ideen und Konzepten Antworten versucht werden konnten.

## 2.1 Die Entwicklung der Sprache und die Erfindung der Schrift

Die Koevolution von Denken und Sprache wird dabei in den nachfolgenden Zehntausenden von Jahren zeigen, dass die weitere Ausdifferenzierung der Sprachen etwa durch die Komplexität der Flexion zu einer Einheit von Denken und Sprache geführt hat, wie Wilhelm von Humboldt (1836) sie erforscht hat (Humboldt, 1836). Da die verschiedensten Menschengruppen keinerlei Berührungspunkte hatten, weil kein Austausch stattfand oder erforderlich war, haben sich unterschiedliche Sprachen entwickelt, genauso wie es auch unterschiedliche Zahlensysteme gab.

Anders als die Entstehung der Sprache an sich ist die Entwicklung der Schrift eine recht junge Entwicklung. Der Beginn der Schriftentwicklung wird heute auf ca. 5500 v. Chr. datiert (Haarmann, 2004, S. 20). An verschiedenen Stellen Europas und Asiens wurden Tontafeln und andere Beschreibmaterialien gefunden, die eingeritzte Sequenzen von Zeichenabfolgen enthielten, die eindeutig keine figürlich-darstellende Zeichnung – und damit bildende Kunst – widerspiegeln. Entziffert werden konnten diese Schriftfragmente freilich nicht. Das gelang erst bei der Keilschrift, die in verschiedenen Entwicklungslinien in Mesopotamien im dritten Jahrtausend v. Chr. entstanden war (siehe Abbildung 4). Vor dem Hintergrund einer Einordnung

**Abb. 4**
Keilschrifttafel aus der Kirkor Minassian Collection der Library of Congress (public domain)

in die Geschichte der Wissenschaftskommunikation mag es vielleicht ernüchternd klingen, dass die ersten Schriftstücke und schriftlichen Aufzeichnungen nicht der Frage nach dem Ursprung der Menschheit und dem Sinn des Daseins gewidmet waren, sondern der Organisation von Vorgängen aus Wirtschaft und Verwaltung dienten, etwa der Aufzeichnung von Krediten, Zahlungen und Warenlieferungen. Ganz offensichtlich standen diese konkret-praktischen Bedürfnisse an erster Stelle in den frühen Gesellschaften, oder aber die Fähigkeiten des schriftlichen Ausdrucks war für die Aufzeichnung abstrakter Bezugsebenen noch nicht geeignet.

Ein größeres Abstraktionsniveau war erst möglich, als sich die Schriften von einer Piktogrammschrift in eine Zeichenschrift verwandelt hatten.

Erst sehr viel später, als die Schrift zunehmend auch die gesprochenen Laute reflektierte und aus der Zeichen- eine Lautschrift geworden war, entstanden Briefe, größere Texte und erstmals auch literarisch- künstlerisch-religiöse Schriftstücke, die den Durchbruch der geschriebenen Sprache endgültig manifestierten, etwa das Gilgamesch-Epos aus dem zweiten Jahrtausend v. Chr („Geschichte der Schrift", 2020).

Neben den beiden frühen (Keil-)Schriften Mesopotamiens, Akkadisch und Sumerisch, zählt die Schrift in Hieroglyphen in Ägypten seit dem dritten Jahrtausend zu den ältesten leistungsfähigen Schriften. Auch hier ermöglichte der Wandel von der Piktogrammschrift in eine Zeichen- und Lautschrift schon mit Satz- und Lesezeichen die Verwendung der Schrift als mächtiges Instrument der Wissenskommunikation im Handel, im Staatswesen, in Literatur und Religion. Ohnehin galt die Schrift den Ägyptern als ein Geschenk Gottes, so dass man mit jedem geschriebenen Wort Gott verehren konnte. Entsprechend hoch angesehen war die gesellschaftliche Stellung der Schreiber im alten Ägypten. Interessanterweise haben Gelehrte noch im Mittelalter das geschriebene Wort als eine Gottesverehrung bezeichnet, und es würde nicht verwundern, wenn wir diesen Gedanken konsistent vom alten Ägypten des dritten vorchristlichen Jahrtausends bis in die Gegenwart fortgeschrieben sehen und auch heute noch in der aktuellen Diskussion um die Digitalisierung der Wissenschaftskommunikation („Kulturkritik" um das Buch) wiederfänden, gilt doch Vielen das geschriebene und gedruckte Wort als etwas nahezu Heiliges (Hagner, 2015, S. 5). „Für jeden Buchstaben, jede Zeile und jeden Punkt, den er schreibe, werde ihm eine Sünde vergeben, meinte im elften Jahrhundert ein Mönch aus Arras" (Rexroth, 2018, S. 35).

In den ägyptischen Überlieferungen finden sich denn auch bereits umfangreiche geographische und naturwissenschaftliche Schriften, die Teil der wissenschaftlichen Überlieferung geworden sind und ihren Weg über die griechische und römische Kultur in die wissenschaftlichen Erkenntnisströme der Neuzeit gefunden haben,

## 2.1 Die Entwicklung der Sprache und die Erfindung der Schrift

wenngleich die eigentliche Entzifferung der Hieroglyphen erst 1822 gelang (Doblhofer, 2000).

Als Beschreibmaterialien (Medien) wurden in Ägypten nicht nur die bereits geläufigen Tontafeln und Baumrinden verwendet, sondern auch Tierhäute (Pergament) und Papyrusrollen. Damit war zwar noch nicht der Codex als die noch heute übliche Form des Buchs erfunden und etabliert worden, aber der Grundstein zu einem leichten, flexiblen und gut zu archivierenden Medium war gelegt.

Auf die besonderen Schriftentwicklungen auf Kreta, die der Phönizier oder die daraus hervorgegangenen Sprachen und Schriften des Aramäischen und Hebräischen kann hier ebenso wenig im Detail eingegangen werden wie auf die noch gar nicht so alte Verbreitung des Arabischen in Folge der Flucht des Propheten Mohammed nach Medina und der sich anschließenden Verbreitung des Korans.

Die europäischen Schriften entstammen allesamt dem Griechischen, dessen Ursprung in der Übernahme des Phönizischen (über Kreta) erfolgt ist. Damit sind wir dann längst vor dem Hintergrund unserer drei Millionen Jahre währenden Menschheitsgeschichte in der allerneuesten Zeit vor gut 2 000 Jahren angekommen.

Entscheidend allerdings war prinzipiell der Wechsel von einer Zeichen- zu einer Buchstabenschrift durch das griechische Alphabet. Denn mit nur 24 Buchstaben konnte das Lesen und Schreiben auch für eine größere Menge von Menschen möglich gemacht werden. Man spricht hierbei auch von der Ökonomie der Buchstaben, die das Lesen und Schreiben nun viel einfacher gemacht hatte.

Die Bedeutung der Sprache und vor allem der Schriftentwicklung hat nicht nur einen überaus großen Einfluss auf die Möglichkeiten des Denkens, Handelns und der Organisation menschlicher Gruppen, was Harari als „kognitive Revolution" bezeichnet (Harari, 2015, S. 9ff.), sondern auch auf die Art und Weise, wie geschrieben, gelesen und (schriftlich) kommuniziert wird.

> „Nicht allein das Alphabet hat zur Produktion neuer Gedanken beigetragen; vielmehr bewirkte die erhöhte Effizienz, die sowohl Alphabet- als auch Silbenschriften eigen ist, dass neue gedankliche Wege leichter von mehr Menschen beschritten werden konnten (…) Und genau hier erfolgte die Revolution in unserer Geistesgeschichte – es war der Ursprung der Demokratisierung des jungen lesenden Gehirns" (Wolf, 2009, S. 79).

Die Entstehung und Entwicklung der Wissenschaftskommunikation ist deshalb abhängig von den kognitiven Fähigkeiten des Menschen, auf einem bestimmten Abstraktionsniveau denken und sich auszutauschen zu können. Sie ist determiniert durch die sprachlichen und schriftlichen Möglichkeiten der Externalisierung von Gefühlen, Fragen, Gedanken, Ideen und Lösungen. So gewaltig die kognitiven Leistungen des Menschen in Kultur, Wissenschaft und Technik in den vergangenen 2 000 Jahren auch waren (und sie sind es gewesen, weil die sprachlich-schriftlichen

Fähigkeiten diese Entwicklungen erst möglich gemacht haben), so wird bereits heute, kaum mehr als zwei Jahrzehnte nach der digitalen Revolution, der Nutzung elektronischer Medien vielerorts mit dem erhobenen Zeigefinger vor dem drohenden Gespenst der Kulturverluste begegnet.

Denn gerade vor dem Hintergrund der Digitalisierung in den wenigen vergangenen gut zwanzig Jahren wird inzwischen die Frage diskutiert, ob der digitale Wandel in Wissenschaft, Forschung und Lehre, aber auch in der schönen Literatur zu einer Niveauabsenkung der Abstraktionsfähigkeiten führen wird und damit die Kulturtechnik des Lesens (die ja nicht genetisch determiniert und vererbbar ist) gefährdet sein könnte. „Im Gegensatz zu seinen Komponenten, wie Sehen und Sprechen, die genetisch organisiert sind, existiert für das Lesen kein unmittelbares genetisches Programm, das es an die zukünftigen Generationen weitergibt" (Wolf, 2009, S. 13).

In Folge dessen wird befürchtet, dass es zu einer Vernachlässigung des Schreibens und Lesens komme, womit auch die Qualität der wissenschaftlichen Überlieferungen abnehme und damit eine (geistige) Rückentwicklung des Menschen befürchtet werden müsse. So fragt der Wissenschaftshistoriker Michael Hagner (Hagner, 2015, S. 20) mit Blick auf den (allerdings sehr kurzen) Zeitraum der vergangenen 200 Jahre nach der Zukunft der Schriftbeherrschungskompetenz:

> „Werden diejenigen Formen des Lesens und Schreibens, die sich moderne Gesellschaften in den vergangenen 200 Jahren zugelegt haben, um ihr wertvollstes Wissen in angemessener Form zu artikulieren, zu adaptieren und über Generationen hinweg weiter zu tragen, in 30 Jahren überhaupt noch gefragt sein?"

Wie immer die Antwort allerdings ausfällt, sie sollte uns nicht schockieren, auch wenn Hagner dies insinuiert. Denn dass die Kulturtechnik des Lesens und Schreibens bald nicht mehr gefragt sein wird, steht kaum zu befürchten. Was aber erhofft werden darf, ist, dass sie durch weitere, neue Formen der Kommunikation, wie sie die digitale Welt bereithält, ergänzt werden wird. Sie verliert bestenfalls ihren exklusiven Charakter, der aber zum großen Teil auf das 500 Jahre währende, einzig bezahl- und sinnvoll nutzbare Beschreibmedium, nämlich das Papier und das Buch in Codexform zurückzuführen ist.

Auch Nicolas Carr (2013) fragt kritisch nach der Zukunft des linearen Lesens, das bislang der Nutzung der Sprache zugrunde lag. Mit seinen Bedenken adressiert er ganz offensichtlich die Realität, dass die Struktur von Inhalten im Internet längst neuen Regeln folgen kann. Vernetzung und Multimedialität im besten Sinne des Wortes lösen den rein linearen Ansatz, der ja wiederum an das Medium des gedruckten Buchs und seiner Derivate gebunden war, langsam ab. Und tatsächlich erscheint uns heute ein Text im Internet, der sich ausschließlich der Linearität bedient, als einfältig und dem Medium Internet nicht mehr angemessen. „In den letzten fünf Jahrhunderten, seit es Gutenbergs Druckerpresse weiten Teilen der Bevölkerung ermöglichte, Bücher zu lesen, stand der lineare Geist im Zentrum von Kunst, Wissenschaft und Gesellschaft. (...) Bald schon könnte es der Geist von gestern sein" (Carr, 2013, S. 29).

Heute erleben wir die Abkehr vom Text als einzigem Informationsmedium in einfacher Linearität. Zwar werden wir noch lange Gedanken in Texte fassen, dennoch sieht selbst der ein oder andere Bibliothekar das Ende des Textes schon gekommen: „Eine Kultur ohne Text mag schwer vorstellbar sein, aber eine Kultur, in der der Text nicht mehr im Zentrum unseres Wissens steht, sondern nur ein Element in einem multimedial entgrenzten Informationsfluss bildet, ist im Digitalen bereits Wirklichkeit" (Ceynowa, 2013, S. 55).

Das Lesen ist als Kulturtechnik noch so jung, dass es nicht als genetisches Konstituens in die Keimbahn übergegangen ist (nur, wenn wir noch einige Millionen Jahre abwarten, könnte das durchaus passieren). Ebenso ist die digitale Technikbeherrschung anerlernt und wird sich mit künftigen neuen Technologien und Medien entwickeln; entweder zurückentwickeln, weiterentwickeln oder aber zurücktreten und verschwinden, wenn sie nicht mehr zur Bewältigung von Lebensrealität benötigt wird. Ob sie das klassische – am Medium Papier und Buch konzentrierte – Schreiben und Lesen als Kulturtechnik be- oder verdrängen wird, lässt sich nicht vorhersagen. Denn bevor sich die Kulturtechnik des Lesens und Schreibens manifestiert hat, also noch vor der Alphabetisierung, waren andere Gehirnbereiche aktiver. Diese sind nach der Entwicklung der Lesekompetenz deaktiviert worden, weil sie nicht mehr gebraucht worden sind, vielleicht sind sie auch verschwunden.

Ohnehin sehen selbst Kritiker der Digitalisierung, wie der Ulmer Psychiater Manfred Spitzer, der mit seinem Bestseller „Digitale Demenz" vor der Nutzung digitaler Medien vor allem bei Kindern und Jugendlichen warnt, das menschliche Gehirn nicht primär dafür gebaut, Texte und Schriften zu lesen:

„Das menschliche Gehirn ist für das Lesen etwa so geeignet wie ein Handwagen für die Formel 1 (...) Ganz einfach, weil unser Gehirn gar keine Zeit hatte, während der letzten vier- bis fünftausend Jahre durch die Evolution solche speziellen Werkzeuge auszubilden. Von der Evolution ist unser Gehirn nicht zum Lesen gebaut (...) Halten wir aber zunächst fest: Wir lesen also mit einem Gehirn, das zum Lesen nicht gebaut ist" (Spitzer, 2013, 227–228).

Ganz offensichtlich wirkt sich das aber auf den Erfolg der biologischen Art „Mensch" und seiner kulturellen Entwicklung nicht aus. Das menschliche Hirn kann seine Fähigkeiten offenbar sehr gut veränderten Rahmenbedingungen, seien dies natürliche, kulturelle oder technische, anpassen und auf der Basis einer guten Grundausstattung unter den verschiedensten Bedingungen stets, wenn auch nicht optimal, so doch angemessen operieren.

> „Biologisch lässt sich diese Sichtweise mit der Erkenntnis begründen, dass sich unser Gehirn von heute strukturell kaum von dem der Menschen vor 40.000 Jahren unterscheidet, die noch nicht lesen und schreiben konnten. Wir haben die gleichen Hirnstrukturen wie unsere sumerischen und ägyptischen Vorfahren. Der Unterschied besteht darin, wie wir diese Strukturen nutzen und verknüpfen" (Wolf, 2009, S. 254).

Deshalb ist es mir nicht bange, wenn im Gefolge der Digitalisierung neue Schwerpunktbereiche zugunsten anderer entstehen und dieser Prozess nichts anderes bedeutet als die bestmögliche Adaption an eine nun veränderte Medien- und Technik-Umwelt. Aus einem zukünftigen Langzeit-Rückblick wird die historische Phase des aktiven analogen Lesens ebenso nur eine Phase spezieller Umwelt- und Kulturbedingungen gewesen sein können, auf die sich die Spezies Mensch bestmöglich und in einer Koevolution zusammen mit den Kulturtechniken (und ihren jeweiligen Medien) angepasst hat. Diese Phase kann dann ebenso vorübergehend gewesen sein wie die digitale Computerphase, die (aus einer zukünftigen Rückschau) dann gekennzeichnet war durch die aktive Nutzung externer Eingabegeräte in Computersysteme und die womöglich abgelöst werden wird durch drahtlos verbundene Bewusstseinssysteme, die sich zwischen den Hirnen der Menschen entspinnen und das bis dato ausschließlich individualisierte Denken entäußern und zu einem öffentlichen Bewusstsein machen (Kaku, 2014). Dass das wünschenswert ist, weil es etwa unsere Definition des Individuums und seiner Freiheit grundlegend in Frage stellt, ist damit nicht behauptet. Und ohnehin ist ein so weiter Blick in die Zukunft kaum begründbar.

Allerdings hat bereits Ende der 1960er Jahre der amerikanische Medienwissenschaftler Marshall McLuhan die Idee vertreten, dass die elektronische Kommunikationswelt den Menschen in eine frühere Gesellschaftsform, die er als durchaus erstrebenswert definierte, zurückführen kann. Für McLuhan ist das Ende der Gutenberg Galaxie und der Eintritt in das elektronische Zeitalter eine Chance zur „Retribalisierung" des Menschen:

> „Der von der Schrift geprägte Mensch ist ein entfremdeter, verarmter Mensch. Der retribalisierte Mensch kann ein viel reicheres und erfüllteres Leben führen – er führt keineswegs das Leben einer geistlosen Drohne, sondern lebt in einem nahtlosen Netz gegenseitiger Abhängigkeit und Harmonie" (McLuhan, 2017, S. 40).

Ganz ähnlich argumentiert übrigens auch Harari in seiner „Kurzen Geschichte der Menschheit", wo er die These vertritt, dass die Sesshaftwerdung der Anfang eines gewaltigen Abstiegs für die allermeisten Menschen bedeutete, ganz im Unterschied zum freien, selbstbestimmten Nomadenleben (Harari, 2015, S. 101–125).

Sprache und Schrift jedenfalls waren die zentralen Voraussetzungen für eine erfolgreiche kulturell-wissenschaftliche Entwicklung und damit die Basis für Wissenschaftskommunikation überhaupt.

## 2.2 Von der mündlichen zur schriftlichen Kommunikation: Der erste Paradigmenwechsel in der Wissenschaftskommunikation

Wir haben bereits im vorherigen Kapitel erfahren, dass die Entwicklung der Sprache gleichermaßen Grundlage und Voraussetzung für wissenschaftliche Fragestellungen und ihre Beantwortung war. Menschliche Kommunikation über Mimik, Gestik und andere nonverbale Formen führt nicht über ein bestimmtes (sehr niedriges) Abstraktionsniveau hinaus. Dass darüber hinaus die Entwicklung der Schriftlichkeit die Kommunikation nachhaltig, nachvollziehbar und dauerhaft gemacht und die Alphabetschriften zudem eine größere Gruppe von Menschen (bei weitem jedoch nicht alle) in die Lage versetzt hat, zu lesen und zu schreiben, wurde bereits erläutert. Ein zentrales Thema beim Einsatz von Sprache oder Schrift für die Vermittlung anspruchsvoller (wissenschaftlicher) Inhalte war die Frage nach der Gefahr bloßer sprachlicher Inszenierung und dem Zurückdrängen der Inhalte gegenüber der Form. Dies galt (und gilt) für die mündliche ebenso wie für schriftliche Kommunikation. Die Entwicklung der Schriftlichkeit bedeutet aber nicht nur ein neues Medium, sondern auch ein neues Denken. So hat die Entwicklung des Alphabets ganz offensichtlich die Entwicklung geistesgeschichtlicher Innovationen, wie die Entwicklung der antiken Wissenschaftsdisziplinen, erst möglich gemacht: „I believe that the alphabet, by serving as a paradigm for classification, analysis, and codification, created the conditions that made these new ideas possible" (Logan, 2014, S. 67).

Zwar wurde die Schrift zunächst tatsächlich nur für die Aufzeichnung von Wirtschaftsdaten, Buchhaltung und Gesetzestexten eingesetzt, bald jedoch wurden auch lyrisch-belletristische, später dann philosophisch-wissenschaftliche Texte verfasst. Dennoch war bei der antiken Auseinandersetzung um Mündlichkeit und Schriftlichkeit die Frage nach der möglichen Vermittlung von Wissen und Weisheit ein zentrales Anliegen der frühen Philosophen. Dies umso mehr, als neben den bekannten und oben genannten, für den Alltag handlungsrelevanten frühen schriftlichen Zeugnissen praktisch ausschließlich „schöngeistige" Inhalte aufgeschrieben wurden. Und diese galten (nicht nur den Philosophen) in der Antike als minderwertig. Zudem implizierte die Schriftlichkeit von Gesetzestexten, dass auch die philosophischen Inhalte, sofern sie schriftlich fixiert wurden, „Gesetzescharakter" hatten. Dies war Sokrates' Denken allerdings völlig fremd. Erst beim späten Platon waren es genau jene Attribute der Verlässlichkeit und Nachvollziehbarkeit, die ihn zu einer schriftlichen Version seiner Ideenlehre motivierten.

Zudem gab es zur Zeit Sokrates' praktisch nur Unterhaltungsliteratur in schriftlicher Form. Und so war auch Sokrates, obwohl ein expliziter Gegner der Schriftlichkeit, des Schreibens und Lesens mächtig. Mehr noch, er galt als eifriger Leser (Gerling, Hoefermann, Schöming, & Schünemann, 1996). Seine Lehren jedoch verbreitete er ausschließlich mündlich. „Die globale Sichtweise, in der Sokrates Sprache, Gedächtnis und Wissen miteinander verknüpfte, führte ihn zu dem Schluss, dass die geschriebene Sprache keine Stütze des Gedächtnisses sei, sondern vielmehr sein potenzieller Todfeind" (Wolf, 2009, S. 90).

Von ihm selbst existieren deshalb keine schriftlichen Zeugnisse, lediglich einige seiner Schüler haben seine Lehre (oder das, was sie dafür hielten) niedergeschrieben. So war sein Schüler Platon einer der aktivsten und wir können heute nicht mehr mit Gewissheit sagen, welche Ideen und Ansätze von Sokrates und welche von Platon selbst stammen (Ziegenfuss, 1949, 282ff.). Obwohl sich Platon zunächst eifrig mit der (schriftlichen) Aufzeichnung der sokratischen Philosophie hervortat, galt er als ein starker Verfechter der mündlichen Kommunikation (Plato, 274b–278b und 340b–345c)[2]. Unter dem direkten Einfluss von Sokrates vernichtete der junge Platon sein gesamtes dichterisches Werk, weil er der Diktion seines Lehrers folgen wollte. Wir sind heute dankbar dafür, dass er diese radikale Haltung in seinen späteren Lebensphasen wieder abgelegt und im großen Stil Sokrates' seine eigenen Werke trotz aller Bedenken schriftlich fixiert und damit überlieferbar gemacht hat (Zehnpfennig, 1997, S. 19).

Mündliches Wissen kann gezielt an diejenigen weitergegeben werden, die es verstehen und verwenden können. Es wird im direkten Dialog ständig reflektiert und kontrolliert (Rösch, 2004). In der direkten Auseinandersetzung zwischen Urheber und Rezipient können Einsichten und Entwicklungen entstehen, die bei der einseitigen Lektüre nicht oder gar fälschlich entwickelt werden (Capurro, 2000).

Zudem können in das persönliche Gespräch oder den Vortrag emotionale Effekte eingebettet werden und das Publikum identifiziert sich mit dem Redner. Die Rede als „Gesamtkunstwerk" vermittelt nicht nur Informationen, sondern ist zugleich auch ein Format für Moralisierung und Erziehung.

---

2  Siehe dazu auch Szlezák, 1993, S. 56–71

## 2.2 Von der mündlichen zur schriftlichen Kommunikation

Sokrates befürchtet durch den Gebrauch der Schrift und der Aufzeichnung von Inhalten den Verlust der Gedächtnisfunktion und der Fähigkeit, sich exakt zu erinnern. Wissen aufzunehmen, ist ihm zu wenig; Es muss in der aktiven Auseinandersetzung verarbeitet werden, um wirksam zu werden und sich fortentwickeln zu können. Man ist geneigt, diese frühe Warnung vor dem Verlust des Gedächtnisses durch die (schriftliche) Fixierung auch heute noch darin wiederzuerkennen, wenn Kritiker der digitalen Welt genau jenes Verhalten befürchten, dass nichts mehr im Gedächtnis verbleibt, da die digitale Allzeitverfügbarkeit von Inhalten heute noch weit mehr die Gedächtnisleistung unterminiert. Oder wie Thomas Hettche – freilich mit einem Seitenhieb auf die Digitalisierungsstrategie der Bibliotheken – in der FAZ schrieb:

„Wir reisen mit beängstigend leichtem Gepäck. Denn nichts von dem, was wir aufnehmen, akkumuliert sich noch in uns. So, wie wir nicht satt sind, wenn wir nicht essen, sind wir dumm, wenn der Datenfluß einmal abreißt.
Und so klingt es fast unglaublich, dass Bibliothekare – einst Bewahrer von Buch und Kultur – heute aktiv daran beteiligt sind, unsere anamnetische Kultur verschwinden zu lassen" (Hettche, 2003).

Platon wird später erläutern, dass die Schriftlichkeit zu einer größeren Kontrolle der Inhalte führen wird. Die Wahrheit löst sich vom (gesprochenen) Wort und wird von denjenigen kontrolliert, die die Schrift beherrschen. Autor und Rezipient sind dann nicht mehr gleichberechtigt, sondern es entstehen andere Hierarchien. Für Platon ist die gesprochene Sprache das Original und der Text nur eine schlechte Kopie, die zudem manipulationsanfällig ist. Wenn der Autor und der Rezipient entkoppelt und nur noch mittels Text verbunden sind, sei der Fehlinterpretation Tür und Tor geöffnet (Kalmbach, 1996). Aber auch außerhalb des antiken Griechenlands gab es Widerstände gegen die Einführung der Schriftsprache. „In einem ganz anderen Winkel der Welt, im Indien des 5. Jahrhunderts vor Chr. schmähten Gelehrte des Sanskrit ebenfalls die Schriftsprache und schätzten die mündliche Rede als das wahre Werkzeug intellektuellen und spirituellen Reifens" (Wolf, 2009, S. 93).

Mit Aristoteles vollzieht sich der Wechsel von der Mündlichkeit zur Schriftlichkeit und damit zum Beginn einer schriftlich belegten und belegbaren (systematischen) Wissenschaftskommunikation. Aristoteles präferiert – obwohl er die Argumente seines Lehrers Platon kennt und versteht – die Schriftlichkeit, da sie es ermöglicht, Aussagen und Argumente zu sammeln, zu ordnen, zu wiederholen und so lange zu durchdenken, bis sie verstanden worden sind. Wissen in Schriftform kann nur von Personen identifiziert werden, die des Lesens mächtig sind. Das macht die schriftliche Kommunikation einerseits exklusiv und garantiert, dass nicht jeder Beliebige versucht, philosophische Abhandlungen zu lesen, schließt andererseits aber auch diejenigen von Diskussionen aus, die das Lesen nicht beherrschen. Für Aristoteles war das ein positives Argument. Zudem kann ein schriftlicher Text anonym verbreitet werden, was (bis heute) Vorteile bietet, wenn Inhalte von Machthabern zensiert werden. „Erst durch geschriebene Dokumente erreicht das Wissen jene Allgemeinheit, die es beansprucht und die im vergänglichen Medium der Rede nicht ohne weiteres zu erreichen ist" (Cahn, 1991, 39).

Was Platon noch als Nachteile interpretierte, wird bei Aristoteles zum Mehrwert des schriftlichen Mediums: Die Unabhängigkeit vom Sprecher, von Raum und Zeit und die beliebige Vervielfältigung (freilich in der Antike noch durch mühsame handschriftliche Kopien) und Verteilung identischer Texte an ein beliebiges Publikum. Wie die Geschichte gezeigt hat, hat sich Aristoteles Vorstellung im Wesentlichen durchgesetzt und das Schriftlichkeitsdogma wurde durch die Erfindung des Buchdrucks im 15. Jahrhundert noch verstärkt. Dieser Paradigmenwechsel vor 2 000 Jahren ist übrigens vergleichbar mit der aktuellen Diskussion um Nutzung und Einsatz digitaler Medien und die Folgen für die inhaltliche Auseinandersetzung und Prozessierung im Gehirn (Spitzer, 2012). Oder wie die Sprach- und Leseforscherin Maryanne Wolf es formuliert:

> „Als ich über die Frühgeschichte des lesenden Gehirns schrieb, war ich erstaunt zu entdecken, dass die Fragen zum Lesen und Schreiben, die vor über 2 000 Jahren von Sokrates aufgeworfen wurden, viele Sorgen des frühen 21. Jahrhunderts betreffen. Ich erkannte, dass Sokrates' Bedenken bezüglich des Übergangs von einer Kultur mündlicher Überlieferung zu einer Schriftkultur (…) meine eigenen Befürchtungen über das Eintauchen unserer Kinder in eine digitale Welt widerspiegelten" (Wolf, 2009, S. 83).

Noch heute funktioniert die Wissenschaftskommunikation in genau dieser Form: Mit Aristoteles begann die unglaubliche Erfolgsgeschichte der wissenschaftlichen Abhandlung und die Ablösung vom direkten Dialog in der Wissenschaft. Die Statik der Schrift wird erst bei Aristoteles zu einem Ausdruck von Wissenschaftlichkeit und das Medium der Schrift damit zugleich zum Ausweis der Qualität seines Inhaltes. „Die Rede, die zur Schrift entwaffnet wurde, ist zwar ihrer traditionellen rhetorischen Überzeugungskraft beraubt, nähert sich aber (…) jener anderen überlegenen Wahrheit, die dem Rechnen angehört" (Cahn, 1991, S. 49).

Die massenhafte Umwandlung von (impliziten) Inhalten, Gedanken und Ideen in das explizite Medium der Schrift und im umgekehrten Fall die Dechiffrierung der explizierten Inhalte und die Internalisierung beim Lesen, sind bis heute der Goldstandard der wissenschaftlichen Kommunikation. „Bücher gestatteten es den Lesern ihre Gedanken und Erfahrungen nicht nur an religiösen Grundsätzen zu messen, (…) sondern sie mit den Gedanken und Erfahrungen anderer zu vergleichen" (Carr, 2013, S. 121).

## 2.2 Von der mündlichen zur schriftlichen Kommunikation

Die Revolution des Aristoteles' (ich bezeichne sie als den ersten Paradigmenwechsel in der Wissenschaftskommunikation) begründete in Verbindung mit dem zweiten Paradigmenwechsel (die Erfindung des Buchdrucks mit beweglichen Lettern durch Johannes Gutenberg) und der digitalen Revolution in den 1990er Jahren (als dritter Paradigmenwechsel der Wissenschaftskommunikation) die Erfolgsgeschichte der wissenschaftlichen Publikationen und mündete zugleich in ihre heute behauptete (oder tatsächliche) Krise in der Auseinandersetzung um die Zugänglichkeit wissenschaftlicher Informationen.

Mit diesem Aufstieg der Schriftlichkeit verändert sich zugleich auch die Bedeutung des Autors. Waren in der mündlichen Kommunikation der Held der Geschichte und seine Inhalte noch das Wichtigste, so wird in der schriftlichen Kommunikation dem Autor zunehmend eine besondere Bedeutung zugeschrieben. Der Anspruch auf das Recht am eigenen Text und (eigene) Wahrheiten und das Pochen auf die eigene Urheberschaft sind bis heute Kennzeichen einer autorzentrierten Wissenschaftskommunikation, dessen unangefochtene Bedeutung erst langsam mit der Idee einer shared economy und dem freien Zugang zu wissenschaftlichen Erkenntnissen durch die Open-Access-Bewegung in die Diskussion gerät. Und noch heute reklamieren Professoren das eigene Wissen im Buch unangefochten für sich: „Wem gehört das Wissen? Wem gehören die fast 80 000 Wörter, die dieses Buch enthält? Wer kann Ansprüche darauf erheben?" (Hagner, 2015, S. 211).

Der erste Paradigmenwechsel in der Wissenschaftskommunikation vollzog sich vor rund 2 000 Jahren. Seit diesem Zeitpunkt war der Siegeszug der schriftlichen wissenschaftlichen Abhandlung nicht mehr aufzuhalten, überwogen doch ganz offensichtlich deren Vorteile die von ihren Gegnern aufgeführten Nachteile. Wir wollen an dieser Stelle nicht die nachfolgenden Kapitel (und damit 2 000 Jahre Wissenschaftsgeschichte) überspringen, aber ein kleiner Ausblick auf die Wissenschaftskommunikation im 21. Jahrhundert zeigt, dass die Mündlichkeit und ihre Vorteile in Zeiten digitaler Kommunikationsmöglichkeiten wieder einen Platz finden in den (inzwischen) vielfältigen Formen wissenschaftlicher Auseinandersetzung. Die digitalen Medien erlauben in einer dialektischen Aufhebung der früheren Formen ein kongeniales Neben- und Durcheinander von mündlichen und schriftlichen Elementen in der Diskussion und Verbreitung wissenschaftlicher Inhalte. Die Websprache zeigt dabei Elemente sowohl der gesprochenen als auch schriftlichen Sprache (Wirth, 2002). Damit gelingt dank technologischem Fortschritt erstmals die Verschmelzung mündlicher und schriftlicher Formen und bietet Optionen für die Auflösung der bisherigen „Frontstellung" von mündlicher und schriftlicher Kommunikation. Damit verbunden sind vielfältige Möglichkeiten, die Auseinandersetzungen mit dem Thema „Teilen" von Inhalten („Sharing Economy") oder reiner eindeutiger Copyrightzuschreibungen auch in der Wissenschaft zu überwinden und in ein fluides Mit- und Nebeneinander von freien und urheberrechtlich geschützten Inhalten zu überführen.

## 2.3 Die Erfindung des Buchdrucks und seine Bedeutung für die Verbreitung des Wissens in der Renaissance

Wissenschaftskommunikation beschreibt den Vorgang der wissenschaftlichen Diskussionen und der Weiterverbreitung ihrer Inhalte. Im Mittelalter – so war die weit verbreitete Vorstellung der Historiker über Jahrzehnte, ja fast über Jahrhunderte – habe Wissenschaft in unserem heutigen Verständnis nicht existiert. Selbstreferenzialität und Reflexion, Wahrheit um der Wahrheit willen und wissenschaftliche Selbstbefassung sei nicht die Form der gedanklichen Auseinandersetzung der mittelalterlichen Gelehrten gewesen. Es sei vielmehr darum gegangen, die Wahrheit des Evangeliums zu erläutern, zu begründen und abzusichern. Wissenschaft als Selbstzweck – wie es bereits Aristoteles mehr als 1 000 Jahre vor dem Mittelalter zum Prinzip der Wissenschaft erhoben hatte – habe es in dieser Form im Mittelalter noch nicht gegeben.

Erst der Renaissance wird diese Art der Wissenschaft zugesprochen, wie sie selbst heute noch als Grundlage für unser zeitgenössisches Selbstverständnis von Wissenschaft gilt. Jener Epoche des 15. und 16. Jahrhunderts nämlich, in der – so die etwas pauschalisierte Vorstellung – die antiken Texte wiederentdeckt und rezipiert wurden und deren Inhalte samt Kunstvorstellung, Architekturvorstellung und weltanschaulicher Gedanken nicht nur den Humanismus, sondern auch ein Wissenschaftsverständnis hervorbrachten, das dem antiken Vorbild der Wissenschaft als Selbstzweck folgte (und bis heute folgt) und sich damit grundlegend von der fremdreferenziellen Wissenschaftsidee des „finsteren" Mittelalters unterschied.

Wenn auch einiges für die Richtigkeit dieser Deutung spricht, lohnt ein differenzierter Blick auf das Mittelalter und seine Wissenschaft. So zeigt der Historiker Frank Rexroth (Rexroth, 2018) in seinem Buch *Fröhliche Scholastik*, dass bereits im 12. Jahrhundert der Übergang von einer fremdbestimmten Wissenschaftsvorstellung im Dienste der Kirche und ihrer Lehre hin zu einem kritisch-reflexiven und selbstreferenziellen Verständnis begonnen hatte und auch schon teilweise umgesetzt war.

Die Idee, dass das Mittelalter ein finsteres und ungebildetes Zeitalter gewesen sein soll, das mit eigentlicher Wissenschaft nichts zu tun gehabt habe, begründete im Wesentlichen der italienische Dichter und Gelehrte Francesco Petrarca (1304–1374), der als einer der ersten Humanisten angesehen wird. „Auf Petrarca geht die unter den Humanisten verbreitete Vorstellung zurück, das Mittelalter – nach dem Untergang der klassischen Antike – sei ein dunkles Zeitalter gewesen. Die Humanisten sammelten, studierten und übersetzten deshalb zunächst nur Texte antiker römischer, später auch griechischer Autoren, da sie die sprachliche und intellektuelle Qualität denen des Mittelalters überlegen hielten. So entstand die Vorstellung von einer Wiedergeburt der antiken Kultur" (Tölke, 2014). Gewöhnlich gehe man davon aus, dass zwischen 1450–1580 eine Schwelle überschritten wurde hin zur Wissenschaftlichkeit, die vorher im Mittelalter so nicht vorhanden war. „Man sieht, dass auch hier mit dem Bild von einem heroischen Take-Off der Wissenschaften gearbeitet wird" (Rexroth, 2018, S. 25).

Diese Bewertungen jener Epoche wurden über die Jahrhunderte hinweg tradiert und gaben den frühen Gelehrten der anbrechenden Renaissance eine Deutungsmacht, die sie so wahrscheinlich gar nicht beansprucht hatten. Dennoch waren es eben jene humanistischen „Bücherjäger", die sich in allen Winkeln der Klosterbibliotheken Europas nach (vergessener oder versteckter) Literatur der Antike auf die Suche machten und auch fündig geworden sind. Zudem kamen hunderte Gelehrte als Flüchtlinge aus dem alten Konstantinopel, das von den Türken 1453 erobert worden war, und bereicherten so den Okzident mit längst vergessenen Inhalten der antiken Autoren und ihren Lehren.

Ein anderer, wichtiger Teil der Wissenschaftskommunikation war der Transfer der antiken griechischen, lateinischen aber auch originär arabischen Schriften (Übersetzungen aus dem Arabischen) nach Zentraleuropa. Diese (Wissenschafts-)Literatur stand im großen Stile auch und vor allem in den spanischen Gelehrtenhochburgen Cordoba und Toledo zur Verfügung und diente als Basis für die Übersetzung ins Lateinische und zu einer Auseinandersetzung mit antiken Inhalten. Das Wissen aus den arabischen Ländern traf auf die „Scholae", also auf bereits existierende frühe „Forschergruppen", die dann diese Inhalte aufnahmen und in ihre Gedankengebäude integrierten. So etwa in Toledo, wo christliche Gelehrte hineilten und Arabisch lernten, um die Schriften zu verstehen.

Nach Rexroth war die Auseinandersetzung mit wissenschaftlichen Fragenstellungen im Mittelalter bis etwa in das Jahr 1050 im Wesentlichen fremdreferenziell und stellte damit keine eigenständige Wissenschaft dar. Weithin ging es nur darum, die vorhandenen Texte zu rezipieren und möglichst originalgetreu weiterzugeben, ohne sich mit ihnen kritisch-reflexiv auseinanderzusetzen. Die Richtigkeit des Erlernten zu garantieren, war das einzige Ziel einer Lehrer-Schüler-Konstellation. In diesem Sinne waren zwar auch die Kopisten in den Klosterschulen und Schreibstuben (siehe Abbildung 5) wichtige Akteure der Wissenschaftskommunikation, indem sie zur Weitergabe und Verbreitung von Inhalten beitrugen. Einen inhaltlichen

Entwicklungsbeitrag jedoch haben sie damit nicht geleistet. Ziel des Abschreibens war die perfekte Kopie, nicht die Auseinandersetzung mit den Inhalten.

**Abb. 5** Jean Miélot, ein namentlich bekannter Schreiber, Illustrator von Handschriften, Übersetzer, Autor und Priester aus Nordfrankreich in seinem Skriptorium (nach 1456) (public domain)

Statt wie bisher Wissen zu verwahren und zu pflegen und möglichst identisch weiterzugeben, entwickelte sich ab 1070 allmählich die Vorstellung einer sich selbst hinterfragenden Wissenschaft. „[Sie, Anm. d. Verf.] wurde reflexiv und produktiv und schöpfte aus sich selbst heraus neues Wissen." Und tatsächlich „setzte die Beschäftigung mit ihnen [den Inhalten, Anm. d. Verf.] neue, sich vom Vergangenen absetzende Denkweisen frei, die wir als erste wissenschaftliche Maximen ansehen sollten" (Rexroth, 2018, S. 129 und 346).

Erst allmählich und unter besonderem Engagement von Einzelpersönlichkeiten entwickelte sich gegen Ende des 11. Jahrhunderts, wenn auch noch nicht flächendeckend, eine kritisch kommentierende Auseinandersetzung mit den Inhalten

## 2.3 Die Erfindung des Buchdrucks ...

der wissenschaftlichen Literatur. Denn „der erste Ausbruch von Kreativität tritt mit der Rivalität ein, nicht mit der Einheit" (Rexroth, 2018, S. 82). Eine besondere Rolle bei der Emanzipation einer sich selbst genügenden Wissenschaft spielte z. B. der französische Bischof und Philosoph Wilhelm von Champeaux („Wilhelm von Champeaux", 2019), der die geordnete Struktur eines Stifts verließ, um zu einem Eremiten zu werden und Wissenschaft zu betreiben und zu lehren.

„Der Erkenntnisprozess, so fassen wir zusammen, war in der Wahrnehmung seiner Träger uralt, war aber in langen Phasen der Geschichte in Vergessenheit geraten. Dass er nun wieder aufgenommen und mit dem Optimismus fortgesetzt wurde, dass neueres Wissen älteres verfeinern, verbessern, ja überholen konnte, ist evident. Man hat die Einsicht, dass neues Wissen älterem überlegen sein kann, späteren Phasen der europäischen Geschichte zugeschrieben (…)" (Rexroth, 2018, S. 146).

Basis für die Wissenschaftskommunikation des Mittelalters waren Referenztexte aus der Antike, die seit der Übersetzung des Boethius im Zeitraum zwischen 980 und 1135 bekannt waren und die in Kontinuität und ohne Bruch verbreitet und gelesen wurden.

Später dann, ab 1140, wurden diese Texte verändert, neu interpretiert und kommentiert und es begann eine kritisch-wissenschaftliche Auseinandersetzung mit ihnen. „Erst im weit fortgeschrittenen 12. Jahrhundert, ab den 1140er Jahren, lösten Entdeckungen neuer Texte weitere Veränderungen des wissenschaftlichen Denkens aus" (Rexroth, 2018, S. 134).

Interessant ist dabei auch eine besondere Form der Entstehung neuer Texte. Auf der Basis der bekannten Schriften wurden neue Kommentare ergänzt und bestehende weitergeschrieben und verändert. Es war eine Textgenese in Schichten. Damit war bereits im Mittelalter eine kollaborative und dynamische, d. h. nicht wirklich abgeschlossene und auktorial fokussierte Entwicklung von Texten Realität, die man heute im digitalen Zeitalter als eine neue interaktive Publikationsform antrifft, freilich unter ganz anderen technischen Rahmenbedingungen, im Grunde aber strukturell identisch.

So entstanden bereits zu dieser frühen Zeit Texte, die anonym waren. Anonym aber in dem Sinne, dass sie viele, nicht bestimmbare Autoren hatten und damit das Ergebnis eines kollektiven Schaffensprozesses waren. Der Ich-Anspruch des Autors, verbunden mit dem Wunsch und der Erwartung des Schutzes der Urheberrechte, war dem Mittelalter weitgehend fremd. Er wird verstärkt in Erscheinung treten nach der Erfindung des Buchdrucks, der den Autor mehr und mehr in den Fokus rückte. Vor diesem Hintergrund ist es auch nicht verwunderlich, dass die erlaubnisfreie Vervielfältigung von Büchern zu Zeiten vor dem Buchdruck, aber auch noch danach eine Selbstverständlichkeit war, die dazu beigetragen hat, dass wir heute auf alte Texte zurückgreifen können, die ansonsten aufgrund der geringen Auflage längst verloren wären. Im Mittelalter war nämlich nur der Diebstahl eines Buches verboten, nicht aber das Abschreiben und Verbreiten. Hätte bereits damals das heute gültige strenge Urheberrechtsgesetz gegolten, hätten wir heute kaum mehr mittelalterliche Texte zur Verfügung.

Die Renaissance ist als Epoche in die Geschichtsschreibung eingegangen, in der die antiken Vorbilder in Kunst, Architektur, Kultur und Wissenschaft wiederentdeckt und quasi reanimiert wurden. Nicht nur die (neue) Verfügbarkeit der Originaltexte, sondern auch die kritisch-reflexive, teils auch ablehnende Auseinandersetzung mit der Welt des Mittelalters (das damals noch gar nicht so genannt wurde) waren Voraussetzung für die Entwicklung von etwas ganz Neuem. Das Lesen und die Rezeption antiker Werke rückte die Bedeutung von Sprache, Rhetorik und von Sprachkenntnissen in den Vordergrund und führte zur Entstehung eines Humanismus, der nicht mehr zwangsläufig auf christlichen Idealen beruhen musste und der das Individuum in den Mittelpunkt stellte. Weiterhin trugen sie zum geistigen Aufblühen und einer Erneuerung bei, die sich sichtlich und sichtbar von derjenigen des Mittelalters abhob, ungeachtet der oben erläuterten Würdigung, dass auch das Mittelalter bereits kritisch-reflexive Elemente in der Wissenschaft hatte entstehen lassen. Die Renaissance war also nicht nur eine Kunstepoche, sondern auch ein Zeitalter des allgemeinen kulturellen und wissenschaftlich-rationalen Aufbruchs, das sich primär an antiken Vorbildern orientierte.

Es entstand nicht nur ein Bedarf an wissenschaftlicher face-to-face-Kommunikation, der in weiten Teilen durch die bereits in voller Blüte stehenden Universitäten Europas gedeckt werden konnte, auch die Produktion von schriftlichem Wissen in Form von Büchern, die freilich bis zur Erfindung des Buchdrucks durch Johannes Gutenberg im Jahre 1450 noch als Handschriften hergestellt wurden, nahm deutlich zu.

Die Produktion von Büchern war im Mittelalter nahezu ausschließlich auf die Schreibstuben der Klöster konzentriert. Denn auch nur dort – abgesehen von den Dom- und Kathedralschulen sowie bei den freien (eremitischen) Lehrern – war man des Lesens und Schreibens mächtig. Denn 90 % der mittelalterlichen Bevölkerung waren Analphabeten. Somit lagen auch die inhaltliche Kontrolle und gegebenenfalls eine Zensur bei den oben genannten Instanzen.

Das Zeitalter der Renaissance beflügelte einerseits die schriftliche Kultur und profitierte gleichzeitig von ihr. Viele Faktoren, auch außerhalb der Wissenschaft, produzierten einen „Marktdruck" auf die Schriftlichkeit, die schließlich in der Erfindung des Buchdrucks durch Johannes Gutenberg 1450 eine angemessene Antwort finden sollte. So erforderten der Fernhandel und die aufkommende Geldwirtschaft in hohem Maße eine schriftliche Kommunikation und Dokumentation.

## 2.3 Die Erfindung des Buchdrucks ...

Mit der Entdeckung und Entwicklung von Papier aus Hadern (Lumpen) konnte das sehr teure Pergament abgelöst und durch einen preiswerten Beschreibstoff ersetzt werden. Seit dem frühen 13. Jahrhundert entstanden zahlreiche Universitäten in ganz Europa. Dort war man nicht nur des Lesens und Schreibens mächtig, sondern es bestand großer Bedarf an der Produktion von schriftlichem Wissen. Aber auch solche banalen Dinge wie die Erfindung der Lesebrille schufen einen neuen Markt für schriftliche Erzeugnisse (Becker-Mrotzek, 2003, S.78–79.).

In den Schreibstuben und Schreibschulen, die aufwendige Handschriften erstellten, konnte dieser Bedarf zunehmend weniger gedeckt werden. Neben Kopierfehlern wirkten auch die hohen Preise für Bücher einer weiten Verbreitung des Wissens entgegen.

In diese Situation hinein trat eine Erfindung, die die bereits vorhandenen Drucktechniken kombinierte, neue, flexible Anwendungen ermöglichte, das Ganze zu einem umfassenden integrierten Produktionsprozess ausweitete und mit einem einheitlichen Businessmodell versah: die Erfindung des Buchdrucks mit beweglichen Lettern durch Johannes Gutenberg in Mainz ab dem Jahr 1450 (Abbildung 6).

**Abb. 6**
Johannes Gutenberg
(139*–1468), Kupferstich,
16. Jahrhundert
(public domain)

Dabei hat Gutenberg mehrere, teilweise kleinere Neuerungen zu einem Gesamtsystem vereinigt. Zum einen gelingt ihm bei der Herstellung der beweglichen Lettern eine Präzision, die einen schnellen Arbeitsprozess beim Setzen des Textes ermöglicht. Dazu erfindet er einen Setzkasten, der bei der Benutzung die Häufigkeit der einzelnen Buchstaben berücksichtigt. Auch entwickelt Gutenberg die richtige Metalllegierung sowie den schnellen Wechselmechanismus für die einzelnen Buchstaben (Handgießinstrument) und ebenso eine optimale Druckerschwärze (Kästner, 1981, S.32ff.). Außerdem profitiert er von seiner Nähe zum Weinbau, dessen Technologie er nicht nur aus Mainz, sondern auch von seinem früheren Wohnort Eltville im Rheingau sehr genau kannte, und konnte seine effektive Druckerpresse aus dem System der Traubenpresse heraus entwickeln.

Nicht wegen der Details der technischen Erfindungen, sondern aufgrund der radikalen Konsequenzen für die Verbreitung von Wissen ist die Erfindung des Buchdrucks durch Johannes Gutenberg ohne Zweifel als zweiter Paradigmenwechsel in der Wissenschaftskommunikation anzusehen. Hatte der erste Paradigmenwechsel von Platon zu Aristoteles, von der Mündlichkeit zur Schriftlichkeit, noch den Weg geebnet zur Verbreitung des Wissens in schriftlicher Form, so ermöglicht Gutenbergs Erfindung die massenhafte Verbreitung wissenschaftlicher Erkenntnis und Information insbesondere und nahezu ausschließlich in Form des gedruckten Buchs. „Gutenberg erfand um 1440 mehr als ein Mediensystem, er erfand eine Kulturtechnik. Ohne seine Erfindung ist die Neuzeit kaum vorstellbar" (Stöber, 2013, S.47).

Identische Texte können nun zu einem Bruchteil der Kosten an ein beliebiges Publikum verteilt werden. Niemals vorher war es möglich gewesen, eine größere Menge identischer Texte zeitgleich an den Leser zu verteilen. Der nahenden Aufklärung sind Tür und Tor geöffnet. Die Verbreitung von Inhalten aller Art an ein potenzielles Massenpublikum ist möglich geworden. Freilich müssen wir erst noch einige Jahrhunderte warten, bis auch die Lese- und Schreibfähigkeit zu einem Massenphänomen geworden ist. Die Grundlagen jedoch sind mit dem Buchdruck gelegt. Vor allem und zunächst in der Wissenschaft, wo Lesen und Schreiben ja ohnehin zum Handwerkszeug gehörten, kann nun eine intensive Publikationstätigkeit beginnen.

Die Erfindung der Gutenbergschen Druckmaschine hat auch die Art der Wahrnehmung und der Rezeption von Wissen und Informationen, aber auch die Menge und Geschwindigkeit, mit der sie verbreitet werden konnten, revolutioniert. Erstmals war es möglich, eine praktisch unbegrenzte Menge an identischen Texten herzustellen und in alle Welt zu verteilen.

„Zwischen 1453 und 1503, also in nur fünfzig Jahren wurden nach der Erfindung des Buchdrucks durch Gutenberg etwa acht Millionen Bücher gedruckt. Das waren mehr

## 2.3 Die Erfindung des Buchdrucks ...

als die Schreiber in ganz Europa seit der Gründung von Byzanz etwa 1200 Jahre zuvor handschriftlich vervielfältigt hatten" (Mayer-Schönberger und Cukier, 2013, S. 17).

„Erst Gutenbergs Erfindung ermöglichte die prinzipiell unbeschränkte schriftliche Replikation. Die Perfektion der Kopie ist am Ende des Zeithorizonts dieser Untersuchung durch die Digitalisierung erreicht. Inzwischen sind Original und Kopie nicht mehr unterscheidbar" (Stöber, 2013, S. 39). Mit der Erfindung des Buchdrucks prägt Gutenberg zugleich mit dem Buch in Codexform als Leitmedium den Goldstandard für die Strukturierung und Verbreitung des Wissens für die nächsten 500 Jahre. Niemals zuvor haben sich schriftliche Ausdrucksformen so sehr von einem Medium dominieren lassen (man könnte auch von einer Koevolution sprechen) wie durch das gedruckte Buch. Seine Grundstruktur, basierend auf dem linearen Text, dem Lesen von Anfang bis zum Ende, der Fokussierung auf einen einzigen Sinneskanal, den der Sprache mit ihren Schriftzeichen nämlich, wird die Wissenschaftskommunikation (und nicht nur sie) ein halbes Jahrtausend prägen.

> „In dieser Welt des Buches herrschen die Dichter und Denker. Ihre poetische Einbildungskraft und ihr sich begreifender Begriff deklassieren die Sinne. Und erst die Medientechniken des 19. Jahrhunderts, also Photographie, Grammophon und Film retteten die sinnliche Gewissheit vor dem Absolutismus des Buches – ja man könnte es radikaler formulieren: vor dem Absolutismus der Sprache" (Bolz, 2007, S. 14).

Erst die Digitalisierung (und in geringem Maße und etwas früher der Film und die Photographie) lässt einen Teil der breiteren Sinnenwelt wieder zurückkehren in die menschliche Massenkommunikation. Auch in der Wissenschaftskommunikation eröffnen die Digitalisierung und ihre multimediale Kommunikation seit Mitte der 1990er Jahre die Sinne wieder und brechen die Dominanz des linearen Textes.

Wir können in diesem Buch die Rezeptionsgeschichte der Erfindung des Buchdrucks nicht umfassend würdigen. Daher müssen ein paar wenige, ausgesuchte Stimmen genügen. Zeitgenossen und Nachfahren Gutenbergs waren entweder voll des Lobes über die neue Druckkunst oder aber sie verteufelten sie gar. Schon wenige Jahre nach Gutenberg schrieb der Gelehrte Niccolo Perotti 1471 aus Anlass der Erfindung des Buchdrucks, über den er sich zunächst sehr gefreut hatte, an einen Freund:

> „Doch ach wie falsche und allzumenschliche Gedanken. Ich sehe, dass die Dinge eine ganz andere Wendung als von mir erwartet nehmen. Denn weil jetzt jeder weiß, dass er frei ist zu drucken was immer er mag, wird nicht mehr nur geschrieben, was das Beste ist, sondern vieles nur, um zu unterhalten, und vieles, was besser vergessen würde und ausradiert aus all den Büchern. Und selbst wenn sie etwas schreiben, das

es wert ist, drehen sie es so lange, dass es besser nicht existierte und verbreiten Unwahres in Tausenden von Kopien über die ganze Welt" (Passig und Lobo, 2012, S. 118).

Und auch der Zisterziensermönch und Humanist Conrad Leontorius (1465–1511) empfand den Buchdruck im 15. Jahrhundert als viel zu hektisch. Er schreibt von der „mannigfaltigen und verwerflichen Hetze [des Druckens, Anm. d. Verf.], die fast für alle oberstes Gebot sei" (Passig und Lobo, 2012, S. 94).

Dagegen trat ein gewichtiger Zeuge auf: Johannes Kepler (1571–1630), Astronom und Begründer der modernen Naturwissenschaften, schwärmte im Jahre 1606 geradezu für den Buchdruck: "wie wunderbar der Buchdruck den Takt der Welt erhöht habe: Ich glaube wirklich, dass die Welt jetzt erst wirklich lebt, dass sie geradezu rast" (Passig und Lobo, 2012, S. 96).

Auch der deutsche Grammatiker Valentin Ickelsamer (1500–1547) lobte die Möglichkeiten der Buchdruckkunst,

„durch die man alles in der Welt erfahren, wissen und ewig merken und behalten kann, mit der man anderen, wie fern diese auch von uns sind, alles Wissen geben kann, ohne persönlich bei ihnen zu sein und ohne es ihnen mündlich anzuzeigen" (Giesecke, 1997, S. 45–46).

Gewaltige Worte zur Erfindung des Buchdrucks fand übrigens der kanadische Medientheoretiker Marshall McLuhan (1911–1980). Für ihn war der Mensch in der oralen Tradition ausbalanciert und mit allen Sinnen in der Welt unterwegs. „Mit der Alphabetisierung wurde er fragmentiert und das Ganzheitliche ist verschwunden. Mit ihr die Stammeskultur. Mit dem Buchdruck ist sie dann ganz verschwunden. Der Stammesmensch ist vom phonetischen Alphabet wie von einer Bombe getroffen worden, die Druckerpresse, war dann schon die Wasserstoffbombe" (McLuhan, 2017, S. 32).

Doch keine hundert Jahre nach Gutenbergs Erfindung wird die Etablierung des ersten wissenschaftlichen Journals, dem *Journal des Scavans*, wiederum ein Publikationsformat begründen, das für viele Jahrhunderte der Standard sein wird für die Wissenschaftskommunikation vor allem in den Naturwissenschaften, der Technik und der Medizin: den kompakten Zeitschriftenaufsatz.

Doch das eigentliche Bindeglied zwischen dem gedruckten Buch als Monographie und dem Aufsatz in wissenschaftlichen Zeitschriften markiert eine andere „Darreichungsform" der Wissenschaftskommunikation: der Gelehrtenbrief.

## 2.4 Der Briefwechsel als Medium der Wissenschaftskommunikation

Die Erfindung des Buchdrucks mit beweglichen Lettern hatte die Welt der Kommunikation grundlegend revolutioniert und den geschriebenen, nun gedruckt verbreiteten Text als das Königsformat der Informationsmedien bestimmt und die orale Tradition in den Bereich der Ungebildeten, der „Ewig Gestrigen" oder den der noch nicht lese- und schreibfähigen Kinder verwiesen.

Auch die Kommunikation wissenschaftlicher Inhalte wurde durch den Buchdruck und seine Möglichkeiten grundlegend verändert. Nun erst waren eine umfassende, schnelle Dokumentation und Verbreitung der wissenschaftlichen Erkenntnisse denkbar und gleichzeitig auch möglich geworden.

Bevor sich wissenschaftliche Gesellschaften und Institutionen mit den Medien der Wissenschaftskommunikation auseinandergesetzt hatten und in Paris, London und Leipzig[3] erste wissenschaftliche Zeitschriften, wie wir sie heute kennen, entstanden waren, bot das als (gedruckter) Briefwechsel oder auch als „Gelehrtenbrief" bekannte Format des Austauschs von wissenschaftlichen Inhalten, Erkenntnissen und Diskussionen ein geeignetes Medium. Briefe zu schreiben, war damals ein wichtiges und zugleich zeitraubendes Element im Dasein der Wissenschaftler, gleichzeitig aber auch eine notwendige Form einer „Long-Distance-Kommunikation" mit wissenschaftlichen Kollegen in anderen Ländern und Städten. Die großen wissenschaftlichen Debatten wurden in Briefen geführt. Einer der großen Briefeschreiber des 17. Jahrhunderts war Gottfried Wilhelm Leibniz. Seine Korrespondenz gilt mit 20 000 Briefen als die umfangreichste Gelehrtenkorrespondenz des 17. Jahrhunderts überhaupt. Er hatte über 1 000 Korrespondenten aus 16 Ländern (von West- und Mitteleuropa bis hin zu Schweden, Russland oder China) und bemühte sich bei all seinen Reisen um die Erweiterung seines „Netzwerks", wie wir es heute bezeichnen würden.

Die Gelehrtenbriefe lassen sich grundsätzlich in dialogische und monologische Formate unterscheiden (Ammermann 1983, S. 90). Vorbild für die dialogischen Formen sind die „Epistolae ad familiares" von Cicero (62–43 v. Chr.), wo Brief und Gegenbrief, also Argument und Gegenargument zusammengehören und auch zusammen abgedruckt werden. Monologische Briefe leiten sich aus der Tradition des „Terentius Varro" (römischer Historiker aus dem ersten Jahrhundert v. Chr.) oder der „Epistolae doctae" ab. Es fehlen die Gesprächselemente und der Gegenentwurf.

---

3 Neben dem *Journal des Sçavans* und den *Philosophical Transcations* gehören die *Acta Eruditorium*, 1682 in Leipzig von Otto Mencke (1644–1707) begründet, zu den ersten wissenschaftlichen Zeitschriften überhaupt.

Sie sind vielmehr diskursive Abhandlungen zu einem Thema und werden deshalb auch Abhandlungsbriefe genannt.

Der ursprüngliche briefliche Diskurs zwischen den Wissenschaftlern (die man damals noch Gelehrte nannte) hatte sich zunehmend von einem informellen Medium hin zu einem formalen Austausch entwickelt. Hier galten nun andere Regeln und Korrespondenzgepflogenheiten. Formale Strukturen und gelehrte Stilistik traten an die Stelle des lockeren Berichts und Familiäres und Privates traten in den Hintergrund (Zott, 2002, S. 54). Oft wurden diese Korrespondenzen auf Lateinisch geführt. Viele Gelehrte kopierten ihre Briefe und sandten sie an mehrere Kollegen, so dass ganze Rundschreiben entstanden. Diese Entwicklung trug zu einer Versachlichung des Schreibstils bei und war die Voraussetzung für die Entstehung eines formalisierten Formats des gedruckten Gelehrtenbriefs. Aus persönlicher Korrespondenz wurde institutionalisierter wissenschaftlicher Austausch. „Inhaltlich weniger festgelegt, formal gebunden, sprachlich aber orientiert an der lebendigen mündlichen Kommunikation und daher rhetorisch ambitioniert, hatte der Brief seine Leistungskraft in der Vergangenheit immer wieder unter Beweis gestellt" (Rexroth, 2018, S. 269).

Dabei profitierte der gedruckte Briefwechsel einerseits von den Vorteilen des noch immer präsenten mündlichen Kommunikationsstils und den Diskursen zwischen Gelehrten und andererseits von den neuen technischen Möglichkeiten, gedruckte Briefwechsel schnell, unkompliziert und im Vergleich zu Handschriften in recht beachtlichen Auflagen an interessierte Leser und Bibliotheken zu verbreiten. Dabei spielte die Entwicklung und Professionalisierung des neuen Postsystems seit dem 16. Jahrhundert der gedruckten Korrespondenz in die Hände. Die Entwicklung eines schnellen und öffentlichen Postwesens hatte das Aufkommen einer zügigen Kommunikation der frühen modernen Gesellschaft erst ermöglicht (de Padova, 2014, S. 33) und ohne eine zuverlässige Distribution wären auch die großen Auflagen der neuen Druckerzeugnisse kaum sinnvoll zu verteilen gewesen.

Dies alles führte zu einem gewaltigen Ausbau gelehrter Korrespondenzen, welche die „République des Lettres" schließlich netzartig über das gesamte damalige Europa und darüber hinaus umspann (Gloning, 2011, S. 15).

Doch die Veröffentlichung ist damit nicht mehr Selbstzweck und private Korrespondenz. Sie wird notwendiger Teil erkenntnis- und anwendungsorientierter Wissenschaft.

"In order for these formulations to be successful contributions to science, they must be communicated in such a form, so as to be comprehended and verified by other scientist and then used in providing new ground for further exploration, thus communicability becomes a salient feature of a scientific product since its recognition by peers as a unique contribution is essential to establishing a scientist success in science" (Garvy, 1979, S. 1–2).

Der gedruckte Gelehrtenbrief war damit Wegbereiter für die Entwicklung weiterer Formate in der Wissenschaftskommunikation, insbesondere für die Entstehung und die Verbreitung der wissenschaftlichen Zeitschriften. Ihre Form und Inhalte haben Vorbildcharakter und teilweise bildeten sie die Topoi der zeitgenössischen Wissenschaftsdebatten. In den Briefen tritt die Bedeutung der wissenschaftlichen und literarischen Persönlichkeit hervor, aber nicht die Privatperson selbst. Die Idee des wissenschaftlichen Austauschs steht klar im Vordergrund. In vielen Bibliotheken erhielten Briefdrucke eine eigene systematische Stelle in der Aufstellung, so etwa in der Herzog August Bibliothek Wolfenbüttel oder in der Bayerischen Staatsbibliothek (Ammermann, 1983, S. 82). Eine erste Bibliographie von Briefdrucken erschien bereits 1746 (Estermann, 1992, S. 3). „Das Aufblühen der Zeitschriftenlandschaft im 18. Jahrhundert in Deutschland wäre in dem Maße nicht denkbar gewesen, wenn nicht bereits durch die Abhandlungsbriefe die publizistischen Funktionen vorgebildet gewesen wären, die nun in neue Formen überführt wurden." (Ammermann, 1983, S. 93).

Damit bilden die Gelehrtenbriefe die entscheidende Brücke zwischen den gedruckten Büchern (Monographien) und den im 17. Jahrhundert entstehenden wissenschaftlichen Zeitschriften. Und dies sowohl als Veränderung eines Mediums und seines Formats als auch in inhaltlicher Hinsicht, spannt doch der Gelehrtenbrief den Bogen vom mündlichen Diskurs zur schriftlichen Debatte und zur Abhandlung genauso wie den Bogen vom umfangreichen Buchformat der Monographie zum „kleinen" Format des Zeitschriftenbeitrags.

## 2.5 Die ersten wissenschaftlichen Zeitschriften

Mit der Erfindung des Buchdrucks hatte Gutenberg nicht nur den zweiten Paradigmenwechsel der Wissenschaftskommunikation eingeleitet und vollzogen, sondern zugleich auch das gedruckte Buch zum Leitmedium für die nächsten 500 Jahre gemacht. Und mit ihm den Siegeszug der Darstellung von wissenschaftlichen Inhalten (und nicht nur diesen) durch linearen Text.

Durch die Drucktechnik konnten große Mengen identischer Texte an ein größeres Publikum verteilt und gleichzeitig auch unabhängig von Zeit und Raum rezipiert werden. Die Wirkung dieses überragend neuen Informationsmediums ist nicht ausgeblieben und der Aufschwung in der Produktion wissenschaftlicher

Werke einerseits und bei Druckerzeugnissen im Bereich der Kultur und Religion andererseits waren gewaltig. So profitierte etwa die Reformation massiv von der Möglichkeit, ihre Anliegen durch das Verteilen verschiedenster Druckschriften voranzutreiben und unters Volk zu bringen. Gleichzeitig darf vermutet werden, dass die Fokussierung auf das „Wort" des Evangeliums und die Annahme, dass jeder das Evangelium nur zu lesen brauchte, um mit Hilfe des Heiligen Geistes den Sinn der Worte selbst zu verstehen (Opitz, Saxer, & Engeler, 2018, S. 69), auch eine Folge der Emanzipation des „Gedruckten Wort Gottes" in Folge der Erfindung des Buchdrucks war.

Gutenbergs Erfindung hatte jedoch nicht nur einen entscheidenden Beitrag zur Reformation, zur Entstehung der Aufklärung und der Verbreitung antiker Texte in der Renaissance geleistet, sondern beflügelte auch die Entstehung verschiedener neuer Medienformen. Für den Buchdruck, der schnell zu einem „Flugblatt-Druck, Brief-Druck, Zeitschriften-Druck" etc. geworden war, bedeutete dies die Voraussetzung für die Verbreitung von (wissenschaftlichen) Inhalten.

Trotz der Erfindung des Buchdrucks, der den Aufwand für die Herstellung von Büchern im Verhältnis zum Preis, zur Geschwindigkeit und zur Qualität im Vergleich zum erforderlichen Aufwand, der für eine Handschrift notwendig war, massiv senkte, blieb das Schreiben und Herstellen eines Buchs noch viele Jahrzehnte und beinahe Jahrhunderte dennoch ein aufwendiges und teures Unterfangen. Von den Anfängen der Manuskripterstellung bis zur Auslieferung der gedruckten Bögen (der Einband wurde bis ins 19. Jahrhundert hinein von den Käufern selbst veranlasst und beim Buchbinder bestellt) verging dennoch immer sehr viel Zeit.

Um sich schnell über neueste Entwicklungen in Wissenschaft und Technik, aber auch in Politik oder Religion zu unterrichten, war das Format des gedruckten Buches nicht das geeignete. Zu lange dauerten noch immer der Herstellungsprozess und die Verteilung im Verhältnis zu einer seit der Renaissance immer schneller gewordenen Zeit, der beginnenden Ausdifferenzierung der Wissenschaftsdisziplinen, der rasanten Zunahme wissenschaftlicher Erkenntnisse und der Entwicklung neuer politisch-gesellschaftlicher Ideen.

Um schnell reagieren zu können, war man noch immer auf Briefe angewiesen, die allerdings meist nur an einen Adressaten gerichtet werden konnten und gerichtet wurden. Der Buchdruck bot hingegen die Möglichkeit, solche Briefe gesammelt und in der Gänze der Korrespondenz auch einem größeren Publikum zur Verfügung zu stellen. Es entwickelte sich das neue Buchformat des Briefwechsels, das bis ins 19. Jahrhundert erhalten geblieben ist (dazu mehr im nächsten Kapitel 3 „Der Aufstieg der Wissenschaften, die Ausdifferenzierung der Disziplinen und die Verbreitung von Zeitschriften und Büchern im 19. Jahrhundert").

## 2.4 Der Briefwechsel als Medium der Wissenschaftskommunikation

Dennoch gelang auch mit dem Briefwechsel-Buch kein wirklicher Durchbruch für ein höherfrequentes, periodisches und kurzes Berichtsformat, das der Wissenschaft und ihren nun immer schneller gemachten Entdeckungen, Erkenntnissen und Neuerungen angemessen gewesen wäre. Günter Kieslich konstatierte für das frühe 17. Jahrhundert denn auch eine Kommunikationskrise in der Wissenschaft:

> „Sie vollzieht sich zu dem Zeitpunkt, als die Gelehrten in Europa einsehen müssen, dass ein bis dahin praktiziertes Verständigungssystem innerhalb der Gelehrtenrepublik nicht mehr funktioniert. Das zeit- und ortsbegrenzte wissenschaftliche Gruppengespräch der Gelehrten einer Universität oder einer meist schon fachlich spezialisierten, aber immobilen Akademie, der zeitraubende, dafür raumüberwindende, in der Regel jedoch eindimensionale und private Informationsaustausch zweier oder mehrerer Wissenschaftler miteinander oder auch gelehrter Gesellschaften untereinander in kontinuierlichen Briefwechseln – diese Kommunikationsformen erwiesen sich angesichts der anschwellenden, in umfangreichen Druckwerken konservierten Primärinformationen, als völlig unzureichend (...)" (Kieslich, 1969, S. 6).

Noch keine einhundert Jahre nach Gutenbergs Erfindung entwickelten der französische Adlige Dennis de Sallo (1626–1669) und nur zwei Monate später bei der Royal Society in London Henry Oldenburg ein neues Format, das insbesondere die Wissenschaftskommunikation der Naturwissenschaft, Technik und Medizin grundlegend und nachhaltig prägen sollte: die wissenschaftliche Zeitschrift: „Eine Zeitschrift, im englischen Journal oder Periodical genannt, ist eine periodisch erscheinende Publikation, die Informationen (noch nicht publizierte Nachrichten) zu bestimmten Themen präsentiert" (Umstätter, 2002, S. 143).

Kennzeichen der (frühen) wissenschaftlichen Zeitschrift war:

- Periodizität: regelmäßiges Erscheinen.
- Fortdauer: Es besteht die Intention, die Zeitschrift für eine unbestimmte Zeit fortzuführen.
- Kollektivität: Sie beinhaltet Texte von verschiedenen Autoren.
- Verfügbarkeit: Sie ist für alle verfügbar, die dafür bezahlen möchten.
- Kontinuität: wird erreicht durch die Nummerierung der einzelnen Hefte.

Der Medienwissenschaftler Kirchner definiert die frühe Zeitschrift so:

> „Die Zeitschrift des 17. und 18. Jahrhunderts ist eine Publikation, gegründet mit der Intention des undefinierten Fortbestehens, welche in mehr oder weniger regelmäßigen Ausgaben erscheint und für eine allgemein umschriebene Gruppe von Lesern mit gleichen Interessen ist. Sie ist für die Vervielfältigung produziert worden, ihre einzelnen Ausgaben sind erkennbar als die regelmäßigen Erscheinungen eines vereinigten

Ganzen, welches sich in seinem eigenen speziellen Wissensfeld für eine Vielfalt der Inhalte bemüht" (Kirchner, 1960, S. 17).

Eine nicht unwesentliche Rolle für die Entwicklung von (wissenschaftlichen) Zeitschriften dürfte die Etablierung eines zuverlässigen, regelmäßigen und vertrauenswürdigen Postbetriebs gewesen sein. Seit ihren Anfängen war die Post eng verbunden mit der Verteilung von Neuigkeiten (Kronick, 1976, S). Dennoch ist es bemerkenswert, dass es zunächst auf lange Sicht nur wissenschaftliche Zeitschriften gab. Populäre Zeitschriften für die große Allgemeinheit waren erst eine Erscheinung, die mit der großen Alphabetisierung der Gesellschaft nicht vor Ende des 18. Jahrhunderts einherging.

**Journal des Sçavans**

So erschien am 5. Januar im Jahre 1665 die erste wissenschaftliche Zeitschrift der Welt in Paris, das *Journal des Sçavans* (siehe Abbildung 7). Die Zeitschrift wurde vom französischen Adeligen Dennis de Sallo, Berater des französischen Parlamentes und Freund des damaligen Finanzministers Jean Baptiste Colbert, herausgegeben und erschien wöchentlich; sie konnte von jedermann für fünf Sous gekauft werden. Die Zeitschrift sollte Buchbesprechungen sowie Neuigkeiten auf den Gebieten der Kunst und der Wissenschaft enthalten. Aus dem Vorwort wird der Anspruch deutlich, den de Sallo an seine Zeitschrift hatte:

> „Erstens, ein genauer Katalog der wichtigsten Bücher, die in Europa gedruckt werden. Und wir werden uns nicht damit zufrieden geben, die einfachen Titel zu nennen, wie es die meisten Bibliografen bisher getan haben, sondern wir werden auch sagen, womit sie es zu tun haben und wie nützlich sie sein können. (...) Drittens lernen wir die Experimente der Physik und der Chemie kennen, mit denen die Auswirkungen der Natur erklärt werden können: die neuen Entdeckungen in den Künsten und Wissenschaften, wie die nützlichen oder neugierigen Maschinen und Erfindungen, die die Mathematik liefern kann: die Beobachtungen des Himmels, die Meteore und das, was die Anatomie bei Tieren wiederfinden kann. Viertens, die wichtigsten Entscheidungen der weltlichen und kirchlichen Gerichte, die Zensur der Sorbonne und anderer Universitäten, sowohl die des Königreichs als auch des Auslands. Schließlich werden wir versuchen, dafür zu sorgen, dass in Europa nichts passiert, was der Neugier der Menschen würdig ist, dass wir nicht aus diesem Journal lernen können" (Manten, 1980, S. 11).

Mit einem Blick auf die späteren Ausgaben der Zeitschrift darf man sagen, dass de Sallo sein anspruchsvolles Ziel nicht erreicht hat. Ihm war es auch nicht vergönnt, allzu lange der Herausgeber des *Journal des Sçavans* zu sein, denn bereits nach der dreizehnten Ausgabe, am 30. März 1665, wurde das *Journal des Sçavans*

## 2.4 Der Briefwechsel als Medium der Wissenschaftskommunikation

unter seiner Herausgeberschaft eingestellt. Die Gründe dafür sind vielfältig. Es wird vermutet, dass er (inhaltliche) Restriktionen staatlicher und kirchlicher Art nicht akzeptieren konnte. So lehnte De Sallo die weitere Herausgabe seiner Zeitschrift unter der Auferlegung der Zensur ab. Das *Journal des Sçavans* wurde von Jean Gallois übernommen, der die Zeitschrift mit großem Erfolg weiterführte (Hallam, 1839, S. 299).

Im Laufe der nächsten Jahrzehnte erschien das Journal wöchentlich, ab 1724 dann auf monatlicher Basis. Während der Französischen Revolution erschien die Zeitschrift zuerst unregelmäßig, dann wurde sie ganz eingestellt. Erst im Jahr 1816 erschien sie wieder auf dem Markt unter dem (sprachlich) angepassten Namen *Journal des Savants*. Zudem wurde die Schirmherrschaft von der „Académie des inscriptions et belles-lettres" übernommen, die den Inhalt des Journals zunehmend auf Themen der Literatur hin ausrichtete (Rédmond, 2015).

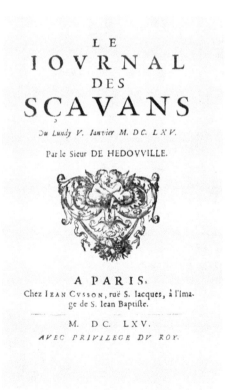

**Abb. 7**
Titelseite der ersten Ausgabe des *Journal des Sçavans* (1665), (public domain).

**Philosophical Transactions**

Nur zwei Monate nach dem Ersterscheinen des *Journal des Sçavans*, am 6. März 1665, erschien in England die nicht weniger wichtige, weltweit zweite wissenschaftliche Zeitschrift, die *Philosophical Transactions* unter der Schirmherrschaft von Henry Oldenburg und der Royal Society (Abbildung 8). Die Royal Society in London war eine wissenschaftliche Gesellschaft, deren Ziel der Austausch von Ideen, Entdeckungen und Erkenntnissen war. Zunächst nur auf London konzentriert, entstanden später auch in andern Universitätsstädten Englands, etwa in Oxford, ähnliche Zirkel.

Die Royal Society of London wurde am 28. November 1660 von zwölf Gelehrten gegründet, die allesamt einen politischen, philosophischen oder wissenschaftlichen Hintergrund hatten. Der bekannteste unter ihnen dürfte Christopher Wren gewesen sein, der spätere Erbauer der St. Paul's Cathedral in London (Atkinson, 1999, S. 15).

Obwohl lokal organisiert und in London ansässig, war sie bereits damals international ausgerichtet und sammelte die wichtigsten und einflussreichsten Denker und Wissenschaftler der Welt (was damals noch gleichbedeutend war mit Europa). Man traf sich regelmäßig in London zum wöchentlichen Austausch, was freilich nur für Ortsansässige möglich war. Die Ergebnisse der Diskussionen wurden in Protokollen festgehalten und im Nachgang der Sitzungen – so wie wir das heute noch kennen – an die Mitglieder der Royal Society verteilt. Zuständig dafür war der Generalsekretär der Gesellschaft. In den Sechzigerjahren des 17. Jahrhundert übte diese Funktion ein Wissenschaftler aus Deutschland namens Henry Oldenburg aus, um 1619 in Bremen als Heinrich Oldenburg geboren. Er gelangte über Oxford und den dortigen Philosophieclub in die Royal Society, deren 33. Mitglied er wurde. Zuvor war er wissenschaftlich in Europa unterwegs gewesen und hatte bereits ein großes Netzwerk, was ihm bei der Herausgabe der weltweit zweiten Zeitschrift noch nützlich sein sollte (Hall, 2002, S. 56).

1662 wählten die Mitglieder der Royal Society Henry Oldenburg zu ihrem Sekretär (Hunter, 1989, S. 250). In dieser Funktion führte er die Korrespondenz der Society und protokollierte die Meetings. Immer mehr Mitglieder vertrauten ihre Papiere Oldenburg an, damit er sie den Mitgliedern der Society bei einer der folgenden Zusammenkünfte vorlegte und zur Diskussion anbot. Oldenburg schrieb aber auch ausländische Gelehrte seines Netzwerks direkt an und forderte sie auf, ihre Ergebnisse der Royal Society mitzuteilen. Daraus entstand seine Idee, eine Art Newsletter mit diesen Inhalten zu schreiben. Im gleichen Moment erhielt er Kenntnis über das Erscheinen der französischen Zeitschrift *Journal des Savants*. Daraufhin entschied sich Oldenburg, eine eigene Zeitschrift der Royal Society herauszugeben.

Am 1. März 1665 wurde bekannt gegeben, dass die Royal Society eine neue Publikation veröffentlichte: die Zeitschrift *Philosophical Transactions*.

## 2.4 Der Briefwechsel als Medium der Wissenschaftskommunikation

Die Zeitschrift gewann rasch einen großen Leserkreis und erwarb sich einen hervorragenden Ruf. Mit den *Philosophical Transactions* hat Oldenburg nicht nur eine neue frühe Zeitschrift herausgebracht, sondern zugleich den Beginn des Peer-Review-Systems als Qualitätssicherungssystem bei wissenschaftlichen Veröffentlichungen eingeführt. Denn Oldenburg las alle Artikel Korrektur oder leitete sie einem Mitglied der Society weiter, das auf dem betreffenden Fachgebiet Experte war. Noch heute funktioniert die Qualitätssicherung bei wissenschaftlichen Zeitschriften nach dem gleichen Prinzip des Peer Review: Spezialisten des Fachgebiets, in dem der Artikel eingereicht wird, überprüfen den Beitrag auf korrekte Methoden, auf Stichhaltigkeit der Argumentation und Glaubwürdigkeit und auf die belegten Quellen (Meadows, 1989, 177–94).

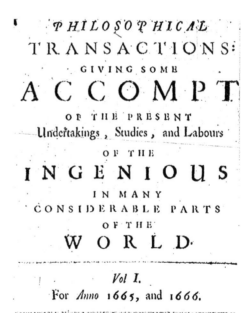

**Abb. 8**
Titelseite der ersten Ausgabe der Zeitschrift *Philosophical Transactions of the Royal Society* (1665) (public domain)

Somit sind die *Philosophical Transactions* viel eher das Modell für eine wissenschaftliche Zeitschrift, wie wir sie heute kennen, als das *Journal des Savants*. Denn Henry Oldenburg verband mit der Zeitschrift bereits alle Kennzeichen einer modernen wissenschaftlichen Zeitschrift: regelmäßiges Erscheinen, Qualitätssicherung durch Fachleute, hoher Standard durch einen kompetenten Herausgeber, Anbindung an eine hervorragende wissenschaftliche Institution und nicht zuletzt Outsourcing der Produktion und des Vertriebs der Zeitschrift an einen externen Dienstleister. Damit verblieben bei der wissenschaftlichen Fachgesellschaft, in diesem Falle der Royal Society und den prüfenden Fachwissenschaftlern (Peers), lediglich die genuin wissenschaftlichen Aufgaben, während Management, Produktion und Vertrieb durch externe Dienstleister erbracht wurden. Diese sinnvolle Arbeitsteilung war über Jahrhunderte das erfolgreiche Modell für die Entwicklung auch der Massenliteratur Ende des 19. und Anfang des 20. Jahrhunderts. Bis in die 1990er Jahre war dieses System unbestritten und erfolgreich. Lediglich in jüngster Zeit entstand darüber eine Diskussion, die sich in Folge der Digitalisierung, der Verbreitung der Zeitschriften in elektronischer Form und den sich daraus ergebenen neuen Produktions- und Distributionsmöglichkeiten im Internet sowie der Open-Access-Bewegung entwickelt hat. Diese Hintergründe und die Folgen für die Wissenschaftskommunikation werden später dargestellt („5.4 Die Open-Access-Bewegung und die Wissenschaftskommunikation").

Mit der Etablierung wissenschaftlicher Zeitschriften nach dem Muster der *Philosophical Transactions* war neben dem von Gutenberg initiierten Leitmedium „gedrucktes Buch" ein weiteres Grundformat in der Wissenschaftskommunikation geschaffen, das über viele Jahrhunderte bis heute das prägende Kommunikationsmittel insbesondere (aber nicht ausschließlich) für Naturwissenschaft, Technik und Medizin (STM) darstellt. „Durch das neue Medium wurde auch der aktuelle, regelmäßige und öffentliche Austausch von wissenschaftlichen Erkenntnissen und Informationen institutionalisiert" (Kieslich, 1969, S. 7). Seit dem 17. Jahrhundert erfüllen wissenschaftliche Zeitschriften folgende Grundfunktionen (Houghton, 1975, S. 19):

- Sie versorgen die wissenschaftliche Gemeinschaft mit Neuigkeiten.
- Sie stellen die Mittel zur Diskussion für die Wissenschaft in kurzem Format zu Verfügung und stellen einen neuen Kommunikationskanal zur Verfügung.
- Sie vereinigen Inhalte, die sich sonst nur aus einzelnen Büchern zusammensuchen ließen.
- Sie motivieren Wissenschaftler zur Publikation ihrer Werke.
- Sie bieten ein Forum zur kritischen wissenschaftlichen Diskussion von Theorien und Hypothesen.

Die Anzahl wissenschaftlicher Zeitschriften verharrte bis Ende des 17. Jahrhunderts bei rund dreißig. Erst im darauffolgenden Jahrhundert entwickelte sich der Zeitschriftenmarkt so rasant, dass Ende des 18. Jahrhunderts bereits 750 verschiedene Titel erschienen (Manten, 1980). Seit Anfang des 18. Jahrhunderts stieg die Zahl der wissenschaftlichen Zeitschriften alle fünfzig Jahre um den Faktor zehn. Aber erst seit Ende des 19. Jahrhunderts entwickelte sich die Anzahl der Zeitschriftentitel nahezu exponentiell. Bis dahin waren alle wissenschaftlichen Zeitschriften Universalzeitschriften, die sich fachlich nicht oder kaum spezialisierten. Erst die konsequente Ausdifferenzierung der Wissenschaft in ihre Disziplinen führte mit Beginn des 20. Jahrhunderts zu einer Ablösung der Universalzeitschriften durch Fachzeitschriften (Rösch 2004, S. 120). Einer Studie von van Dalen und Klamer zufolge wurde die Marke von 250 000 verschiedenen wissenschaftlichen Zeitschriften bereits im Jahr 2004 erreicht. Je nach Quelle werden bedeutend niedrigere Zahlen errechnet (van Dalen & Klamer, 2005, S. 401).

# Der Aufstieg der Wissenschaften, die Ausdifferenzierung der Disziplinen und die Verbreitung von Zeitschriften und Büchern im 19. Jahrhundert

## 3.1 Die Differenzierung der Wissenschaften und die Vielfalt der Disziplinen

Die Etablierung wissenschaftlicher Fragestellungen in der frühen Entwicklung des Menschen war eine weitgehend undifferenzierte, philosophisch-existenzielle Befassung mit den Fragen des Menschen, seiner Stellung in der Natur und gegenüber den übernatürlichen Kräften. Eine Spezialisierung der wissenschaftlichen Herangehensweisen, wie wir es heute etwa in der Vielfalt universitärer Disziplinen auf der Basis unterschiedlicher Fragestellungen und Methoden kennen, war lange unbekannt und hat sich erst als Folge der Ausdifferenzierung wissenschaftlicher Strukturen und Organisationen ergeben. Zudem machten immer komplexere Fragestellungen nicht nur differenzierte Antworten notwendig, sondern auch eine Spezialisierung der eingesetzten Methoden. Die Vielfalt und Komplexität der Fragestellungen gingen Hand in Hand mit der Spezialisierung der Forschungsmethoden und einer komplexeren Struktur der Wissenseinrichtungen.

Als Wissenschaft im engeren Sinne wird einerseits die Suche nach Erkenntnis mit methodischen Mitteln und andererseits auch die Gesamtheit der angesammelten Erkenntnisse, also das System menschlichen Wissens bezeichnet, das nach bestimmten Regeln erworben, organisiert, institutionell abgesichert und vor allem intersubjektiv begründ- und nachvollziehbar dargestellt ist. Rheinberger spricht gar davon, dass „alles Sein als Dasein geschriebenes Sein ist" (Rheinberger, 2015, S. 6), was der Wissenschaftskommunikation eine ungeheure Bedeutung zumisst.

Erst die zunehmende Befassung und die immer komplexeren Fragestellungen machten eine inhaltlich-gedankliche Differenzierung nach verschiedenen Themen und Methoden sowie Herangehensweisen erforderlich. Bereits in der Antike jedoch haben sich die Philosophen unterschiedlichen Fragen gestellt und in ihren Abhandlungen auch beantwortet. So gab es Fragen nach der Natur, ihrem Zustandekommen und ihren Gesetzmäßigkeiten, nach mathematischen Grundlagen wie

Geometrie und Arithmetik, nach der Natur des Menschen und seiner Stellung im Kosmos, nach den Göttern, Diskussionen über die beste Gesellschaftsform und das Miteinander der Menschen als Frage nach Staatswesen, Moral und Ethik. Bereits Aristoteles gliederte die Wissenschaft in Teilbereiche, die sogenannten Einzelwissenschaften, und gilt als Begründer der Fragen nach der Erkenntnis. Entscheidend dabei war allerdings, dass alle Gelehrten der Antike (sie nannten sich durchweg Philosophen) selbst keine Differenzierung ihrer Themen vornahmen. Sie waren im besten Sinne des Wortes Universalgelehrte und methodisch wie praktisch noch nicht spezialisiert. Und so war die gesamtheitliche Wissensschau noch immer in einer einzigen Person präsent, auch wenn Aristoteles bereits verschiedene Disziplinen oder Fachgebiete unterschieden hatte. Eine strukturelle oder persönliche Aufteilung der Disziplinen und damit eine verteilte Deutungshoheit waren damit noch nicht verbunden.

Auch wenn es vor dem Hintergrund unserer heute als selbstverständlich wahrgenommenen hochgradigen Ausdifferenzierung der Wissenschaft ungewöhnlich klingen mag, noch im 17. Jahrhundert, also 500 Jahre nach der Gründung der ersten Universitäten in Europa und dem Beginn der Institutionalisierung der Wissenschaft, ihrer Methoden und Strukturen, wurden noch „Universalgelehrte" beschäftigt. So wurde Johannes Kepler im 17. Jahrhundert noch als Professor für Mathematik und Moral nach Graz berufen (Rheinberger, 2015, S. 12). „Die Disziplinenstruktur gegenwärtiger Wissenschaft ist ein relativ spätes Produkt der Entwicklung neuzeitlicher Wissenschaft. Die sogenannte ‚wissenschaftliche Revolution' des 17. Jahrhunderts und auch das 18. Jahrhunderts hatten die Einheit der ‚natural philosophy' noch kaum tangiert" (Stichweh, 1979, S. 83), auch wenn die eigentliche Differenzierung der Wissenschaften nach der Gründung der ersten Universitäten in Europa begann und erst eine „allmähliche Entdeckung der disziplinären Wissensordnung" (Rexroth, 2018, S. 139) stattfand.

Dabei war es nicht eine planende Hand, die die Gründung von Universitäten verursachte, sondern vorhandene Zirkel, Gruppen und Personen fanden zusammen und so „entstanden" die frühen Universitäten ganz einfach, ohne wirklich „gegründet" worden zu sein. Rexroth spricht deshalb nicht von Entstehung, sondern von Emergenz der Universitäten aus den vorhandenen Strukturen: „Paris Bologna und Oxford – das waren die drei frühesten Universitäten, die ohne die planende Hand eines Gründers entstanden" (siehe Abbildung 9) (Rexroth, 2018, S. 331).

3.1 Differenzierung der Wissenschaften und Vielfalt der Disziplinen        47

**Abb. 9**  Universitätsgelände der Universität Bologna (CC BY 2.0, © Gaspa – Flickr)

Nach der Etablierung von institutionellen Wissenschaftsstrukturen entwickelten sich verschiedene Fachrichtungen und Spezialisierungen insbesondere auf der Basis der Grundlagenfächer, die die Studenten zu absolvieren hatten. Dabei konzentrierten sich die Lerninhalte an den „Artes Liberales", den sieben freien Künsten, die sich – aus der Antike stammend – über das Mittelalter gerettet hatten und als Vorbereitung auf die höheren Fakultäten der Theologie, Jurisprudenz und Medizin galten. Sie bestanden aus den Fächern des Trivium (Grammatik, Rhetorik und Dialektik) und den vier Fächern des Quatriviums (Arithmetik, Geometrie, Musik und Astronomie). Bereits die Lehrgegenstände der Akademie Platons waren sehr vielseitig gewesen. Sowohl Mathematik, philosophische Theologie und Ethik als auch Medizin fanden sich auf den Stundenplänen der Schüler. Die letzte „antike Akademie" wurde 529 n. Chr. von Justinian geschlossen („Der neue Pauly", 1999, S. 41).

Wie bereits erläutert, beginnt die Disziplinenorientierung erst mit der Gründung von wissenschaftlichen Institutionen. Hier sind neben den frühen Universitäten in Europa auch die Akademien zu nennen, die sich in der Renaissance als Wiederaufnahme der antiken (Platonischen) Akademie (die bereits 305 v. Chr. gegründet worden war) als Archetypus der Akademie verstanden haben und auch entsprechend wissenschaftlich geführt wurden.

Als erste abendländische Akademie gilt die Academica Platonica, gegründet 1426 von Marsilio Ficino mit dem Ziel der Wiederauferstehung der antiken Akademien. Die Academica Platonica sollte eine Stätte universaler Bildung und Konversationskultur werden. Insgesamt wurden im Zeitalter des Humanismus rund 400 solcher Akademien neu gegründet, deren Lebensdauer aber meist sehr gering war.

Die Blüte der Akademien (die sich im Unterschied zu den Universitäten weniger mit der Ausbildung von Studierenden befassten, sondern sich eher als Gelehrtenvereinigungen verstanden und entsprechend aufstellten) lag im 15.–18. Jahrhundert.

„Die dominante Institutionalisierungsform [von Wissenschaft, Anm. d. Verf.] des 17. und 18. Jahrhunderts ist die Akademie. Die Akademien gehen genetisch häufig auf informelle Kommunikationszirkel zurück, die sich um die neuen Forschungsprogramme der wissenschaftlichen Revolution des 16. und 17. Jahrhunderts kristallisierten" (Stichweh, 1977, S. 7).

Später verlieren die Akademien zugunsten der Universitäten wieder an Bedeutung. „Die Akademie als primärer Ort wissenschaftlicher Forschung wird im Übergang vom 18. zum 19. Jahrhundert durch die Universität abgelöst" (Stichweh, 1977, S. 4).

Die Universitäten hingegen waren von Beginn an eher auf die Lehrtätigkeit und Bildungsvermittlung hin ausgerichtet. Eine Fokussierung auf Forschung und die damit einhergehende Spezialisierung in Disziplinen und Methoden war erst ein zweiter Schritt, der wesentlich erst zu Beginn des 19. Jahrhunderts begann. Noch im 18. Jahrhundert fand die Universität ihren Aufgabenbereich primär in der Erziehung und Bildung (Stichweh, 1977, S. 61).

Vor allem der aufkommende Humanismus und die Wiederentdeckung der antiken Gelehrten, ihrer Schriften und Konzepte trugen im 14. und 15. Jahrhundert auch zu den entstehenden naturwissenschaftlichen Fragestellungen mit ihren zunehmend experimentellen Methoden mit bei. In der Folge begann sich die Wissenschaft dann allmählich aufgrund der unterschiedlichen Erkenntnisfragen und ihrer jeweiligen Methoden (die nicht mehr automatisch von jedem Gelehrten verstanden und eingesetzt werden konnten, z. B. die in der Mathematik) zu differenzieren.

Was die Wissenschaftskommunikation und die notwendige Veröffentlichung von wissenschaftlichen Erkenntnissen und Ideen anbelangt, zeigte sich die Differenzierung aber erst deutlich später. Zwar gab es verschiedene Schriften und Abhandlungen zu den unterschiedlichen Themen, eine Ausdifferenzierung der Schriften in Reihen oder thematische, disziplinenspezifische Zeitschriften erfolgte in letzter Konsequenz aber erst im 19. Jahrhundert als direkte Folge der Explosion der Wissenschaft und der Ausdifferenzierung ihrer Disziplinen.

So war es für die Philosophen bis zum beginnenden 19. Jahrhundert noch einfach, das gesamte Wissen der Zeit „zusammenzuschauen". Erst danach begann die Aufsplitterung, in deren Folge keiner mehr alles sehen konnte (Rheinberger, 2018).

Durch die Institutionalisierung von Wissenschaft an den Universitäten erhöhte sich zugleich die Zahl der dort tätigen Wissenschaftler, gefolgt von einer entsprechenden Steigerung des wissenschaftlichen Outputs in Form von Publikationen. Wissenschaft und ihre Fragestellungen wurden dabei zunehmend abgetrennt von anderen Sinnzusammenhängen und im Wesentlichen selbstreferenziell. Ein Vorgang, der sich als Disziplinendifferenzierung innerhalb der Wissenschaft noch einmal vollzieht. Dies führt dazu, „daß die Intensivierung wissenschaftlicher Kommunikation einzelne Themenbereiche stärker herausarbeitet, sie gegen andere Themenbereiche absetzt, die Häufigkeit von Kommunikationen über diesen Themenbereich erhöht und die Sprache zunehmend technisiert" (Stichweh, 1977, S. 174). Die Sprache der jeweiligen Bereiche wird technischer und die Kompatibilität der Kommunikation geringer – der Bedarf an speziellen Kommunikationsinstrumenten steigt in der Folge, da die Technisierung der Sprache wiederum den Zugang zu den jeweiligen Spezialbereichen erschwert und der Wissenschaftler sich für seine Disziplin entscheiden muss. Charakteristisch für das 19. Jahrhundert ist die kommunikative Autonomisierung von Disziplinen durch die Entstehung disziplinärer Gemeinschaften (häufig als Gesellschaften), die sich über einige fundamentale und gegenstandsstrukturierende Grundannahmen identifizieren. „Als Träger dieser Entwicklungen entstehen die verschiedenen institutionellen Formen der Disziplin wie auch entsprechende Berufsgruppen von Wissenschaftlern, so dass sich auch eine relativ geschlossene disziplinäre Kommunikation konstituieren kann" (Guntau, 1987, S. 5).

Dabei ist die Ausdifferenzierung von Wissenschaft ein permanenter, nicht abschließbarer Prozess, denn die Orientierung an immer neuen Forschungsfragen führt zu einer variablen Disziplinenvielfalt, die die Wissenschaft sich selbst gibt. Oder wie Rheinberger es formuliert: „Was als Wissenschaftsobjekt interessant wird, das steht nicht schon seit Aristoteles auf einem Zettel" (Rheinberger, 2018, S. 181). Dabei herrschte insbesondere in den philosophischen Fakultäten der Universität eine hohe Autonomie im Differenzierungsmuster (Stichweh, 1977, S. 175).

Allein hieraus ist zu erkennen, dass die Ausdifferenzierung von wissenschaftlichen Disziplinen, die ja bis heute uneingeschränkt stattfindet und einen nicht abschließbaren Prozess darstellt, einen großen Bedarf an jeweils speziellen Kommunikationsinstrumenten generiert. Dies ist die Ursache für die Explosion der Menge an wissenschaftlichen Zeitschriftentiteln, wie wir sie ab Mitte des 19. Jahrhunderts beobachten und die immanenter Teil wissenschaftlichen und disziplinären Selbstverständnisses sind. Damit ist die Wissenschaftskommunikation ausgemacht als ein zentrales Element der Wissenschaft selbst. Dies hat Folgen bis heute. Die aktuelle Open-Access-Diskussion mit ihren verschiedensten Modellen hat nur deshalb eine solche große Bedeutung und Wirkmächtigkeit entwickeln können, weil Wissenschaftskommunikation ganz offensichtlich ein (wenn nicht das) zentrale Element einer Disziplinenidentität und damit das Herz von Wissenschaft selbst abbildet.

## 3.2 Die Explosion der wissenschaftlichen Kommunikationsmittel

Die Wissenschaft des 19. Jahrhunderts war gekennzeichnet durch eine umfassende Institutionalisierung und Ausdifferenzierung der verschiedensten Disziplinen und einer Weiterentwicklung und Technisierung der eingesetzten Methoden. Dies alles ereignete sich vor dem Hintergrund einer Welt, deren Nationalstaaten sich konsolidiert hatten und einer radikalen technologischen Entwicklung bei Produktion, Kommunikation und Mobilität in Wirtschaft und Gesellschaft. Dazu kamen noch grundlegende historisch-archäologische Ausgrabungen und Entdeckungen aus vielen Teilen der Welt mit all ihren immensen Schätzen an Sammlungen und Objekten, die jetzt nur noch auf eine professionell-wissenschaftliche Aufbereitung und Erschließung warteten.

Durch große Weltreisen, die nun dank technisch moderner Mobilität einfacher und schneller gelangen, wurden die Sammlungen an Pflanzen, Tieren und geologischen Objekten aus aller Welt ergänzt – auch hier mussten mit großem wissenschaftlichen Einsatz Beschreibung, Katalogisierung und Erschließung folgen. Die Differenzierung in Geistes- und Naturwissenschaften ist nahezu vollzogen und akzeptiert und wie Dilthey 1883 (in Rheinberger, 2015, S. 13) es in seiner „Einleitung in die Geisteswissenschaften" formuliert, erheben die Geisteswissenschaften nun den „Verstehensanspruch" und die Naturwissenschaften einen „Erklärungsanspruch". Allein hieraus könnte sich die hohe Anzahl kleinformatiger Publikationen (Zeitschriftenbeiträge) in Naturwissenschaft und Technik erklären, während die „Verstehenszusammenhänge" der Geisteswissenschaften oftmals umfangreicherer Publikationsformate bedürfen (Bücher).

Als Folge der „Experimentalisierung" der Naturwissenschaften liefern jetzt nicht mehr nur die Feldversuche, sondern auch Laborexperimente eine Unmenge an Daten, die aufgezeichnet und interpretiert werden müssen, als Grundlage und zur Nachvollziehbarkeit für wissenschaftliche Veröffentlichungen und deren Aussagen.

## 3.2 Die Explosion der wissenschaftlichen Kommunikationsmittel

Mit der Ausdifferenzierung der Disziplinen veränderte sich auch die Art und Weise, wie wissenschaftlich publiziert wird. Unter der Annahme eines jährlichen, linearen Wachstums von 1,7 % errechnet Herbst 15 Disziplinen im Jahr 1845, 38 im Jahr 1900 sowie 245 Disziplinen für das Jahr 2014 (Herbst, 2014, S. 196).

Bücher und umfassende Kompendien, die bis dahin nicht selten das komplette Lebenswerk und -wissen eines Forschers umfassten, werden ergänzt durch die kleineren Formate der wissenschaftlichen Zeitschriftenaufsätze. Für jede Disziplin, ja sogar für die kleinen, nun entstehenden Teildisziplinen werden je eigene Publikationsorgane geschaffen, die es dem Forscher ermöglichen, in seiner je spezifischen Sprache, Diktion und Terminologie die Kollegen des Fachgebietes mit den Beiträgen zu erreichen. Der Markt für wissenschaftliche Zeitschriften blüht auf und wissenschaftliche Journale entwickeln sich zu jenem führenden Format in Naturwissenschaft, Technik und Medizin, das noch bis in die Gegenwart eine dominierende Rolle und höchste Relevanz haben wird. Die Menge der wissenschaftlichen Veröffentlichungen hatte am Ende sogar so stark zugenommen, dass es Bedenken gab, den Überblick über die relevante Literatur des jeweils eigenen Fachgebiets zu verlieren. Ein Chemiker schrieb 1894 an die Chemical Society in London: „Chemical literature is fast becoming unmanageable and uncontrollable from its very vastness. Not only is the number of papers increasing from year to year, but new journals are constantly being established" (Meadows, 1974, S. 86). Einen guten Überblick über die wissenschaftlichen Realitäten und die Organisation der Wissenschaft zum Ende des 19. Jahrhunderts gibt Vickery (1999).

Die Veränderung der Form von wissenschaftlichen Beiträgen wird dabei besonders deutlich. Noch Ende des 17. Jahrhunderts enthielten solche kleineren Mitteilungsformate formale Elemente des Briefes mit den bekannten Begrüßungs- und Verabschiedungsfloskeln sowie anderen persönlich-emotionalen Elementen. Im 19. Jahrhundert waren Stilelemente dieser Art in den Beiträgen wissenschaftlicher Zeitschriften verschwunden. Zunehmend entwickelte sich der Zeitschriftenartikel zu einem Format in standardisierter Form, wie wir es heute noch kennen und nutzen. Kennzeichen eines modernen Artikels in einer wissenschaftlichen Zeitschrift sind Analyse und Interpretation von Inhalten auf der Basis von – ebenfalls im Artikel veröffentlichten – quantitativen Mess- oder Beobachtungsdaten. Waren in früheren Jahrhunderten die Inhalte wissenschaftlicher Aufsätze eher qualitative Analysen, so bahnte sich vor allem in Naturwissenschaft, Technik und Medizin der – so würden wir heute sagen – „datengestützte" Artikel seinen Weg. Dabei dienen empirisch-quantitative Ergebnisse aus Feld- und Laborversuchen als Grundlage und Ausgangssituation für die Bestätigung von Erkenntnishypothesen. Im 19. Jahrhundert begann sich also der Artikel in einer wissenschaftlichen Zeitschrift von einer rein textuell orientierten Beschreibung und Analyse von Gedachtem und Gesehenem hin zu einer „ganzheitlichen" Abhandlung zu entwickeln, bei der (experimentelle) Ergebnisse kommuniziert, erläutert und gemeinsam mit Analysen und Interpretationen veröffentlicht wurden.

Allein dadurch ergab sich eine massive Zunahme des Publikationsumfangs, da nun Graphiken, Tabellen, Formeln, Abbildungen und später Photographien wichtiger und substanzieller Bestandteil einer wissenschaftlichen Veröffentlichung waren.

"By the end of the 17th century articles usually had titles, but few included section headings. In the 18th and 19th centuries, science became less about reporting observations and more about providing interpretations of observations and experimental data. Thus, the scientific article became a presentation of argument. Rhetorical forms of introduction, body, and conclusion became more common. Headings began to appear in the 18th century, becoming more common than not by the 19th century" (Mack, 2015, S. 2).

So lag die Anzahl der jährlich veröffentlichten wissenschaftlichen Artikel im Zeitraum 1800–1863 bei 3097, in der Periode 1864–1873 bei 8007, im Zeitraum 1874–1883 bei 10075 und von 1884–1900 schon bei 22616 Artikeln. Hundert Jahre später gehen wir von rund zwei Millionen Artikeln pro Jahr aus (Meadows, 2000, S. 89). Vickery und Iwinsky sprechen sogar davon, dass im 19. Jahrhundert zwei Millionen wissenschaftliche und technische Papers (Vickery, 1990, S.103) sowie weltweit sechs Millionen Bücher (Iwinski, 1911, S. 145) publiziert worden seien. Allein der deutschsprachige Buchmarkt verzeichnete um das Jahr 1800 rund 4000 jährliche Neuerscheinungen, die bis Ende des 19. Jahrhunderts auf rund 20000 Neuerscheinungen jährlich angewachsen waren (Rautenberg, 2015, S. 80).

Heute werden täglich 8500 Artikel veröffentlicht und pro Jahr mehr als drei Millionen Artikel in die Datenbank „Web of Science" aufgenommen, die aber nur einen kleinen Bruchteil des weltweiten Outputs berücksichtigt (Johnson, Watkinson, & Mabe, 2018, S. 5).

Neben der Entwicklung der Wissenschaft leistete auch die im 18. Jahrhundert begonnene und nun fortschreitende Alphabetisierung und Literarisierung der Gesellschaft ihren Beitrag für eine steigende Produktion von Literatur in Form von Büchern, Zeitschriften, Heften und Zeitungen. „Mit der Lesefähigkeit stieg die Buchproduktion. Neuere Berechnungen gehen von 175000 Titeln aus, die im 18.Jahrhundert insgesamt aufgelegt wurden, mehr als doppelt soviel wie noch ein Jahrhundert zuvor" (Janzin & Güntner, 2007, S. 241).

Somit darf es nicht verwundern, dass der Bedarf an Rohstoffen für Herstellung von Papier deutlich angestiegen war. So stark, dass er auszugehen drohte und eine Papierknappheit der aufstrebenden Literaturproduktion beinahe einen massiven Einbruch beschert hätte. Bis dahin nämlich wurde Papier aus Hadern hergestellt,

## 3.2 Die Explosion der wissenschaftlichen Kommunikationsmittel

die im ganzen Land gesammelt und in Papiermühlen in einem aufwendigen handwerklichen Verfahren zum eigentlichen Rohstoff, dem Hadernbrei, verarbeitet wurden. Aus diesem Brei wurde dann das Papier händisch geschöpft. Es gab sogar gesetzliche Restriktionen bei der Ausfuhr von Hadern, um die Papierproduktion nicht zu gefährden. Trotzdem kam es bei der Produktion von Papier zu Engpässen, da nicht mehr genügend Hadern für den schnell steigenden Bedarf an Papier aufzutreiben waren.

1843 entwickelte dann Friedrich Gottlob Keller ein Verfahren zur Herstellung von Papier aus Holzschliff und damit einem nachwachsenden Rohstoff („Papier", o. J.). Zusammen mit der einsetzenden industriellen Papierherstellung – im Gegensatz zur klassischen, sehr aufwendigen handwerklichen Papierschöpftechnik – konnten so große Mengen an Papier für den Markt bereitgestellt werden, was wiederum die Preise senkte und die Produktion von Büchern und Zeitschriften stimulierte. Dies kam auch der aufsteigenden Wissenschaftskommunikation zu Gute, und der Output stieg rasant an.

So waren Anfang des 19. Jahrhunderts erst rund hundert wissenschaftliche Zeitschriften auf dem Markt, während es am Ende des 19. Jahrhunderts schon 10 000 gewesen sind (Shuttleworth & Charnley, 2016, S. 297). Auch eine Auswertung auf Grundlage von Ulrich's International Periodicals Directory bestätigt diese Entwicklung (Mabe, 2003, S. 193). (Abbildung 10).

**Abb. 10** Entwicklung der Anzahl wissenschaftlicher Zeitschriften 1665–2001, in Anlehnung an Mabe (2003, S. 193)

Die Ausdifferenzierung der Wissenschaftsdisziplinen und die Entwicklung technischer (Labor-)Methoden in Naturwissenschaft, Technik und Medizin, sowie die Spezialisierung der jeweiligen Fachsprachen und ihrer Terminologie führten zu einem differenzierten Spektrum wissenschaftlicher Publikationen, deren Umfang schon gegen Ende des 19. Jahrhunderts als Massenprodukt bezeichnet werden kann. Die Menge der publizierten wissenschaftlichen Bücher und Zeitschriften war enorm gestiegen und bereits jetzt wurde nicht nur die notwendige Auswahl bei der Lektüre, sondern auch bei der Beschaffung, Finanzierung, Erschließung, Aufbewahrung und Archivierung wissenschaftlicher Publikationen zu einem relevanten Thema, das sich hundert Jahre später zu einem zentralen Problem der Wissenschaftskommunikation entwickeln sollte.

# 4 Wissenschaft als Massenphänomen: Die Explosion des Wissens und seiner Medien im 20. Jahrhundert

## 4.1 Wissenschaft am Anfang des 20. Jahrhunderts (Länder, Sprachen, Themen)

Nach der Konsolidierung, Professionalisierung und Institutionalisierung der Wissenschaft im Laufe des 19. Jahrhunderts begann das 20. Jahrhundert mit einer stabilen wissenschaftlichen Produktion und einer weiter aufstrebenden naturwissenschaftlich-technischen Methodenentwicklung in den STM-Fächern (Scientific, Technical and Medical) sowie einer breiten geistes- und sozialwissenschaftlich-psychologischen Forschung über die Zukunft der Gesellschaften und des Menschen.

Entsprechend stieg die Zahl der in der Wissenschaft und Forschung tätigen Menschen weiter an und damit auch die Menge der veröffentlichten wissenschaftlichen Publikationen. Wenn nicht bereits gegen Ende des 19. Jahrhunderts, so begann spätestens jetzt Wissenschaft langsam und stetig ein Massenphänomen zu werden. Das bedeutet nicht, dass sie nun alle Gesellschafts- und Politikbereiche durchdrungen hätte, aber der Aufstieg als bedeutsame Deutungsinstanz nahm seinen großen Lauf. Das Thema Wissenschaft als Massenphänomen wird im 21. Jahrhundert unter dem Stichwort „Citizen Science" noch einmal eine ganz andere Bedeutung (und Wendung) erfahren (Kullenberg & Kasperowski, 2016).

Als zentrale Einflussfaktoren (die über jene Gründe hinausgehen, die wir bereits im vorigen Kapitel erläutert haben, etwa die Lesefertigkeit und industrielle Massenproduktion von Papier), für die Steigerung des Wissenschaftsoutputs sind mit dem Beginn des 20. Jahrhunderts die zunehmende Zahl der Wissenschaftler, die Anzahl der wissenschaftlichen Fachgesellschaften, die allesamt eine zum Teil große Anzahl relevanter Journale herausgaben und dabei nicht nur Veröffentlichungen ihrer Mitglieder publizierten, sowie die Zunahme der Finanzierung der Wissenschaft, ihrer Institutionen, Menschen und Projekte auszumachen. Oder wie es Meadows ausdrückt „(…) there is undoubtedly a general relationship between the amount of money pumped into science and the number of publications that appear (…)"

© Springer Fachmedien Wiesbaden GmbH, ein Teil von Springer Nature 2021
R. Ball, *Wissenschaftskommunikation im Wandel*,
https://doi.org/10.1007/978-3-658-31541-2_4

(Meadows, 2000, S. 94). So stieg die Zahl der Mitglieder in wissenschaftlichen Gesellschaften von 6 698 im Jahr 1850 auf 28 098 im Jahr 1900 auf 89 170 im Jahr 1952 (Meadows, 2000, S. 95). Auch die Gründung zentraler Wissenschaftsorganisationen und -gesellschaften fällt in diese Zeit. So etwa entstanden das Rockefeller Institute for Medical Research 1901, die Carnegie Institution 1902, das National Physical Laboratory in Großbritannien 1902 als Pendant zur Deutschen Physikalische Reichsanstalt (1887) oder die Kaiser-Wilhelm-Gesellschaft (die Vorläuferin der Max-Planck-Gesellschaft) im Jahr 1911 (Vickery, 1999, S. 482).

Auch die fortschreitende Disziplinendifferenzierung, die ja prinzipiell unabschließbar ist, erhöht neben der Anzahl der Publikationsorgane die Zahl der Veröffentlichungen. Reily (1968 zitiert nach UNESCO, 1971, S. 11) geht davon aus, dass es im Jahr 1900 rund hunderttausend Wissenschaftler und Ingenieure gab, während knapp hundert Jahre später bereits sechs Millionen Forscher weltweit gezählt wurden. Auch die Zahl der wissenschaftlichen Firmenkooperationen hat zu Beginn des 20. Jahrhunderts deutlich zugenommen. Hier macht sich bemerkbar, dass neben der „reinen" Naturwissenschaft die Entwicklung der Technik und ihrer Verfahren in der Praxis und bei der Produktentwicklung eine wichtige Rolle gespielt haben.

Den Zeitraum von 1900–1944 bezeichnet Mabe als eine Periode von „innocent science" (2003, S. 194). Er geht davon aus, dass die Drittmittelfinanzierung der Regierungen für Wissenschaft und Forschung in diesem Zeitraum eher gering war (etwa im Vergleich zu heute) und sich Wissenschaft nur im Rahmen des allgemeinen Wachstums entwickelte. Hier übersieht Mabe (2003) sicher die Finanzierung von Forschungsaktivitäten aller am (Zweiten) Weltkrieg aktiv beteiligten Staaten zu Kriegszwecken, Verteidigung und zur Optimierung des Heimatschutzes. Zumindest diese anwendungsnahe Forschung hat erhebliche Mittel erhalten (und durchaus relevante, wenn auch selten zivil gedachte Forschungsergebnisse produziert). Es muss allerdings davon ausgegangen werden, dass ein Großteil dieser Forschungen ihren Niederschlag nicht in öffentlich zugänglichen Wissenschaftspublikationen gefunden hat.

Der beginnende Wettbewerb zwischen den Nationen und den jeweiligen Universitäten und Forschungseinrichtungen sowie die gleichzeitig stattfindende und notwendige internationale Kooperation von Institutionen und Personen führten zu einem weiteren Anstieg des Wissenschaftsoutputs im Laufe des 20. Jahrhunderts.

Zu Beginn des 20. Jahrhunderts lag das Zentrum von Wissenschaft und Forschung überwiegend in Europa (hier vor allem in Großbritannien, Deutschland und Frankreich) und den USA. Dies reflektieren auch die Veröffentlichungszahlen wissenschaftlicher Artikel. 87 % aller Veröffentlichungen kamen im Jahr 1900 von den zehn forschungsstärksten Ländern. Diese Zahlen blieben in etwa bis zum Jahr 1950 bestehen, dann diversifiziert sich die Forschungslandschaft und der Output verteilt sich auf deutlich mehr Länder: Im Jahr 2000 stammten nur noch 69 % aller

## 4.1 Wissenschaft am Anfang des 20. Jahrhunderts

Artikel aus den Top zehn der Forschungsnationen, 2010 sogar nur noch 63 %. Gab es im Jahr 1900 nur 18 Länder, die mehr als 0,1 % des gesamten Outputs lieferten, waren es hundert Jahre später bereits 51 Länder (Powell et al., 2017, S. 18). Im Jahr 1900 gab es lediglich ein paar Dutzend Länder, die sich aktiv an der Produktion von naturwissenschaftlich-technischen Publikationen hervorgetan haben. Im Jahr 1900 wurden so lediglich 416 Paper pro Land im Durchschnitt publiziert, im Jahre 1950 bereits 1 189 und im Jahr 2000 bereits 3 779 (Powell et al., 2017, S. 4). Gleichzeitig verteilte sich – wie wir gesehen haben – der Output auf zunehmend mehr Länder und die ehemals vorhandene Konzentration auf nur wenige Forschungsnationen ging zurück.

In der organischen Chemie etwa steigerte sich die USA in Bezug auf die Veröffentlichungsmenge von Platz sieben im Jahr 1877 auf Platz zwei im Jahr 1917 und übernahm den ersten Platz von Deutschland erst nach dem zweiten Weltkrieg. Auch bei den Veröffentlichungen zur analytischen Chemie waren zu Beginn des 20. Jahrhunderts noch europäische Länder führend: Die USA belegte 1877 Platz sechs, erreichte Platz eins 1917 und verlor ihn 1927 an Deutschland und Russland, bevor die USA den ersten Rang 1947 wieder übernahm (Boig & Howerton, 1952, S. 30). Deutsche Wissenschaftszeitschriften waren nach dem Ersten Weltkrieg von besonderer Wichtigkeit und Relevanz, aber schon zu dieser Zeit beklagte man sich (damals in den USA) über die hohen Journalpreise: „Following World War I, German scientific publications emerged as the most critical journals for scientists worldwide" (Hamaker, 2002, S. 277).

Allein der Wissenschaftsverlag Verlag Julius Springer (der mittelbare Vorgänger des heutigen Konzerns Springer Nature) bediente damals bis zum Zweiten Weltkrieg 90 % des wissenschaftlichen Zeitschriftenmarkts.

Während sich die Anzahl der forschungsaktiven Länder mit ihrem Wissenschaftsoutput kontinuierlich erhöht hat, beobachten wir bei der Veröffentlichungspraxis in wissenschaftlichen Zeitschriften eine Konzentration auf wenige Sprachen. So ermittelte Bolton Ende des 19. Jahrhunderts bei einer Auswertung der Literatur zur Chemie von 1492–1892, auf den Plätzen 1–4 3 072 Bücher in deutscher Sprache gegenüber 1 732 in englischer, 1.563 in französischer und nur 401 in lateinischer Sprache. Er ermittelte zudem 195 Zeitschriften in deutscher Sprache in dieser Disziplin, 125 in englischer und achtzig in französischer Sprache. „The German dominance is exemplified in Bolton's survey" (Vickery, 1999, S. 479). Gab es zu Beginn des 20. Jahrhunderts neben den englischen Journalen noch eine respektable Anzahl deutsch-, französisch- und russischsprachiger Zeitschriften (Hamel, 2007), so verschwinden diese zunehmend spätestens nach dem Zweiten Weltkrieg. Es ist viel darüber spekuliert worden, ob aus dem sprachlichen Konformismus und der Konzentration auf das Englische den nicht-englischen Muttersprachlern ein Wettbewerbsnachteil in der Wissenschaft entsteht (Ammon, 2003). Die Tatsache, dass wir heute nicht nur an internationalen Top-Universitäten regelrechte „Schreibschulen" finden, die sprachliche Mängel bei der Verfassung englischsprachiger Artikel beseitigen helfen, ist aber ein starkes Indiz für diese Annahme.

Was die Zahl der wissenschaftlichen Zeitschriften im Zeitraum von 1900 bis 1944 betrifft, ist sich die Forschungsliteratur nicht einig. Während Meadows (1997, S. 15f.) die Zahl von 10 000 wissenschaftlichen Zeitschriften erst im Jahr 1951 annimmt, gehen Shuttleworth & Charnley (2016, S. 297) von 10 000 Journalen bereits zu Beginn des Jahres 1900 aus. Eine Ursache für diese unterschiedlich berichteten Zahlen ist in der Definition von „Zeitschrift" begründet. Denn es sind die Kategorien „Zeitschriften", „wissenschaftliche Zeitschriften" und „referierte Zeitschriften" voneinander zu unterscheiden; freilich mit der Komplexität, dass ältere Zeitschriften nicht immer eindeutig der einen oder anderen Kategorie zuzuordnen sind. „The main reason there have been so many varying estimates of the number of learned periodicals in the world is almost entirely down to the simple matter of definition" (Mabe, 2003, S. 191). Zudem sprechen Bibliothekare etwa im Englischen von „journal", „serials§ oder „periodicals" und machen damit eine eindeutige Zuordnung nicht immer leicht.

Die einschlägige Datenbank „Ulrich's Periodicals" geht von rund dreihundert wissenschaftlichen Zeitschriften im Jahr 1900 aus und verfolgt statistisch die Entwicklung bis heute. Dabei werden im Jahr 2019 „246.300 regular and irregularly published serials publications" (Proquest, o. J.) aufgelistet – auch hier wieder mit der bekannten Fragestellung nach der Definition. Gleichzeitig konstatiert diese Datenbank für das Jahr 2001 nur 14 694 referierte wissenschaftliche Zeitschriften.

Interessanterweise sind es vor allem Veröffentlichungen in Fachzeitschriften, die rasant ansteigen, während sich der Anstieg der Fachbücher im vergleichbaren Zeitraum deutlich geringer ausnimmt. So stieg die Zahl der veröffentlichten wissenschaftlichen Artikel in der Chemie zwischen 1910 und 1950 um den Faktor 3,6 von 13 000 auf rund 47 500 Artikel, während sich die Zahl der veröffentlichten Bücher im gleichen Zeitraum noch nicht einmal verdoppelte (von 785 auf 1 539) (Meadows, 2000, S.89). Aber auch Patente entwickeln sich im 20. Jahrhundert rasant. 1911 wurde das einmillionste US-Patent angemeldet, 1935 wurde die Zwei-Millionen-Marke bereits erreicht, 1961 die Drei-Millionen-Marke und schon 1976 die Vier-Millionen-Marke (Meadows, 2000, S.88).

Wir müssen uns aber hier mit unserem Anliegen, die Entwicklung des Wissenschaftsoutputs und der Wissenschaftskommunikation von den frühen Anfängen bis zur heutigen Open-Access-Diskussion, nicht auf eine Zahl festlegen. Entscheidend ist vielmehr die Tatsache, dass die Zahl der wissenschaftlichen Zeitschriften (und mit ihnen die Menge der Veröffentlichungen) mit Beginn des 20. Jahrhunderts noch einmal deutlich zunimmt.

## 4.1 Wissenschaft am Anfang des 20. Jahrhunderts

Auf der Basis referierter Zeitschriften ermittelt Mabe (2003, S. 193) einen durchschnittlichen Anstieg der Zeitschriftentitel von der Publikation der ersten wissenschaftlichen Zeitschrift (*Journal des Savants*) im Jahre 1665 bis zum Jahr 2001 von 3,46 % pro Jahr. Eine Steigerungsrate von rund 3–4 % pro Jahr klingt zunächst relativ bescheiden und taugt wenig als Nachweis von Wissenschaft als „Massenphänomen". Bei genauerer Betrachtung aber wird klar, dass eine lineare Steigerung der Zeitschriftentitel von 3–4 % pro Jahr einem exponentiellen Wachstum der Gesamtmenge der wissenschaftlichen Zeitschriften im Laufe der vergangenen hundert Jahre entspricht. Und das wiederum ist in der graphischen Darstellung wenn nicht beängstigend, so doch zumindest massiv eindrucksvoll und macht schnell klar, dass wissenschaftliche Veröffentlichungen zu einem Massenphänomen (und später zu einem Massenproblem geworden sind) (siehe Abbildung 11) (Mabe & Amin, 2001, S. 155). Welche Strategien zur Bewältigung dieses Problems der Massen an Zeitschriften sinnvoll eingesetzt werden können, werden wir im Folgenden noch sehen.

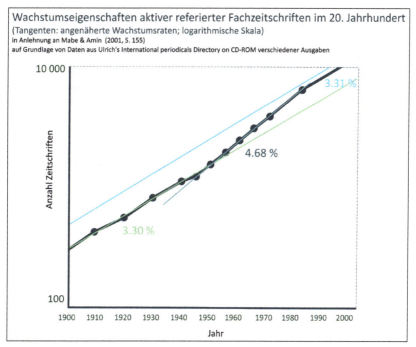

**Abb. 11** Prozentuale Steigerung der Anzahl wissenschaftlicher, referierter Zeitschriften 1900–2000, in Anlehnung an Mabe/Amin (2001, S. 155)

## Der Siegeszug des wissenschaftlichen Zeitschriftenbeitrags als zentrales Element der Kommunikation in Naturwissenschaft und Technik

Die Entwicklung der Wissenschaft und ihrer Kommunikation als Massenphänomen nahm – wie wir im vorigen Kapitel gesehen haben – zu Beginn des 20. Jahrhunderts ihren Lauf. Dieser Prozess setzt sich nach dem Zweiten Weltkrieg in noch höherer Geschwindigkeit und unter neuen (politischen, aber auch technischen) Vorzeichen fort. Für die Kommunikation in Naturwissenschaft, Technik und Medizin wird dabei ein Format bestimmend, das bis heute in diesen Disziplinen (und zunehmend darüber hinaus) maßgebend ist: der Zeitschriftenaufsatz. Wir haben in den vorangegangenen Kapiteln dargelegt, wie sich das Format der wissenschaftlichen Zeitschrift aus den Gelehrtenbriefen einerseits und aus den Protokollen der wissenschaftlichen Fachgesellschaften andererseits entwickelt hat. Wir haben weiter die Gründe dargelegt, warum dieses höherfrequente Medium „wissenschaftliche Zeitschrift" mit seinen kleineren Formaten, dem „Zeitschriftenbeitrag", eine logische Folge der Entwicklung (natur-)wissenschaftlicher Arbeits- und Denkweise geworden ist und zugleich ihre weitere, primäre Kommunikationsform mitbestimmte.

Der wissenschaftliche Zeitschriftenaufsatz kommt heute in einer strikt festgelegten Form daher, fast möchte man behaupten in einer extrem formalisierten Festlegung seiner äußeren und inneren Struktur: Nach der Einleitung folgt i. d. R. die Erläuterung der eingesetzten Methode(n) (methods), die Darstellung der Ergebnisse (results), die Diskussion der Ergebnisse und die Einordnung in den wissenschaftlichen Gesamtzusammenhang (dessen Horizont freilich heute nur noch einen winzigen Ausschnitt der Gesamtdisziplin meinen kann) (discussion) und am Ende dann eine Zusammenfassung mit Quellenangaben (summary). Diese sehr formale Abfolge (natur-)wissenschaftlicher Zeitschriftenaufsätze zwingt einerseits zur Einhaltung der Struktur und dient einer guten Lesbarkeit, ermöglicht andererseits aber kaum mehr kreative „Ausführungen", Diskussionen, positive Abschweifungen oder gar eine Fülle von Auslegungen. Dabei ist formale Strenge heute vielmehr ein Zeichen für eine mögliche Maschinenlesbarkeit. Und so verwundert es kaum, dass wissenschaftliche Zeitschriftenbeiträge zunehmend Einträgen in Datenbanken mit festgelegten Datenfeldern gleichen.

Längst gibt es eine Diskussion darüber, ob der Zeitschriftenartikel, wie er seit rund 70 Jahren in nahezu unveränderter Gestalt und bislang praktisch unwidersprochen umgesetzt wird, die adäquate Form wissenschaftlicher Auseinandersetzung darstellt. Kaum mehr umstritten jedoch ist die Vermutung, dass er den zugrunde liegenden Wissenschafts- und Erkenntnisgewinnungsprozess auch nicht mehr nur annähernd adäquat abbildet.

So kritisiert bspw. der Biologe und Wissenschaftshistoriker Rheinberger das Format des Zeitschriftenartikels als die heute nahezu ausnahmslos erwartete Form

## 4.1 Wissenschaft am Anfang des 20. Jahrhunderts

der Veröffentlichung in Naturwissenschaft und Technik. Dabei bemerkt er, dass ein standardisierter Wissenschaftsartikel allein in seiner Struktur ein falsches Bild des eigentlichen Wissensgewinnungsprozesses widerspiegele. „Die Forschungsliteratur hat in geradezu grotesker Weise eine andere Struktur als der Prozess, in dem die Ergebnisse gewonnen wurden" (2018, S. 203).

Doch bereits hundert Jahre nach der Etablierung der ersten wissenschaftlichen Zeitschriften gab es Dispute über die Bedeutung der „kleinen" Form der wissenschaftlichen Schriften. „Wir leben in dem Seculo derer Journalisten: also es ist kein Wunder, dass alle Sachen in forma derer Journale vorgetragen werden ... Der Genius unseres Seculi hat alle Folianten in Journale verwandelt" (Schöne 1928 in Kieslich, 1969, S. 11). Die Diskussion über das Ende oder aber die Renaissance des Buchs ist also keine Erfindung unserer Zeit.

1963 hatte der Wissenschaftshistoriker und -soziologe Derek de Solla Price in seinem Buch *Little Science, Big Science* erstmals auf die exponentielle Zunahme wissenschaftlicher Aktivitäten und ihres Outputs in der zweiten Hälfte des 20. Jahrhunderts hingewiesen. So definiert de Solla Price Wissenschaft auch als das, was in angesehenen wissenschaftlichen Zeitschriften veröffentlicht wird. Ein Wissenschaftler sei weiterhin ein Mensch, der in solchen Zeitschriften etwas veröffentlicht hat. Er war der Meinung, dass das exponentielle Wachstum der Wissenschaft im Jahr 2000 durch rund 1 000 000 wissenschaftliche Zeitschriften und 1 000 relevante sekundäre Informationsquellen sichtbar sein werde. Diese Zahl stimmt – wie wir gesehene haben – nicht ganz. „Ulrichs International Periodicals Directory" (Proquest, o. J.) weist heute „nur" rund 300 000 Zeitschriften nach. Das tut der Bedeutung und Einschätzung des Werks von de Solla Price aber keinen Abbruch. Denn sein grundlegendes Werk beschreibt erstmals die Explosion des Wissens und der Veröffentlichungen als exponentielle Funktion und erläutert die Verteilung von Zitationen und deren Halbwertszeit (de Solla Price, 1974). Zwar hat er damit kein „echtes" Buch über Bibliometrie geschrieben, aber sein Grundlagenwerk hat erst ein Bewusstsein für die dramatische Zunahme der Menge an Wissen und Veröffentlichungen geschaffen, auf dessen Basis eine umfassende Diskussion über die Bewältigung dieser Massen durch quantitative Methoden in der Wissenschaftsbewertung ausgelöst wurde. De Solla Price war es auch, der zwei Jahre später im Jahr 1965 in einem Artikel in *Science* auf das Thema der Netzwerke zwischen Autoren hingewiesen hat, indem er das Zitierverhalten von Wissenschaftlern untersuchte (de Solla Price, 1965). Mit de Solla Prices Buch *Little Science, Big Science* war das Thema der Wissenschaft als Massenphänomen erstmals benannt und es ist bis heute aktuell geblieben.

Denn die grundlegende Frage der Wissenschaftskommunikation ist weniger, wie wissenschaftliche Erkenntnis generiert wird, sondern wie sie kommuniziert und damit auch verifiziert werden kann.
Wissenschaftliche Veröffentlichungen erfüllen dabei vier grundlegende Funktionen (Shorley & Jubb, 2013, S. 41):

- *Registration* (Erfassung/Meldebestätigung): Die Autoren wollen sicherstellen, dass sie auch für ihre Arbeit oder Entdeckung entsprechend anerkannt werden.
- *Certification* (Bestätigung): Durch das unabhängige Peer-Review-Verfahren wird gewährleistet, dass die Ansprüche des Autors begründet sind.
- *Awareness* (Wahrnehmung): Die Forschungsarbeit wird an die Fachcommunity des Autors (oder darüber hinaus) kommuniziert und seine Leistung wahrgenommen.
- *Archiving* (Archivierung): Die Forschungsergebnisse werden für die Nachwelt bewahrt und zugänglich gehalten.

Das Veröffentlichungssystem muss so ausgelegt sein, damit diese vier Grundfunktionen bedient werden können. Dies gilt auch in einem zunehmend digitalen Rahmen und ebenso bei der Berücksichtigung von sozialen Medien bei der Verbreitung und Wahrnehmung. Allerdings geraten diese vier Grundfunktionen einer Veröffentlichung (und damit das Publikationssystem selbst) dann in Gefahr (oder zumindest in eine Schieflage), wenn die Menge an wissenschaftlichem Output so stark ansteigt, wie es seit der zweiten Hälfte des 20. Jahrhunderts Realität ist.

Den größten Teil der Veröffentlichungsmenge machen dabei wissenschaftliche Zeitschriftenartikel aus, die tendenziell immer kürzer werden und dabei nur noch Kleinstaspekte der jeweiligen Forschungsgebiete repräsentieren können (last publishable unit). Gleichzeitig steigt die Anzahl der Autoren eines Artikels kontinuierlich an und wir finden heute bereits siebenseitige wissenschaftliche Zeitschriftenbeiträge mit mehr als tausend (!) Autoren. In einem Beitrag der Zeitschrift *Science* stehen für einen Forschungsartikel über die Kollision zweier Neutronensterne 3674 Autoren (Spiewak et al., 2017). Dies zeigt nicht nur ein Massenproblem ganz anderer Art, sondern auch die Verwässerung der vier Grundfunktionen einer Veröffentlichung: Die Registrierungs- und Zertifizierungsfunktion für jeden einzelnen Mitautor ist bei 3674 Autoren nicht mehr möglich. Außerdem werden heute bereits 20 % der veröffentlichten Artikel nicht mehr zitiert.

Ein spezieller Fall der Weltraumgeschichte hatte einen großen Einfluss auf das Informationsmanagement und den (politisch motivierten) Zuwachs an wissenschaftlicher Literatur: der sogenannte Sputnik-Schock. Am 4. Oktober 1957 gelang es der UdSSR zu zeigen, dass sie der USA in der Raumfahrttechnik mindestens ebenbürtig

## 4.1 Wissenschaft am Anfang des 20. Jahrhunderts

war. Dieses Ereignis ging als sogenannter „Sputnik-Schock" in die Geschichte ein und hatte weitreichende Konsequenzen auch für das Thema der Informationsversorgung. Die damalige Sowjetunion hatte das Rennen um die Eroberung des Weltalls gewonnen und vor den Amerikanern einen Satelliten namens „Sputnik" in den Orbit geschossen (siehe Abbildung 12). Das Unglaubliche daran war nämlich, dass Angaben und Erkenntnisse, die zur Entwicklung des Sputnik-Satelliten geführt hatten, in öffentlich zugänglichen russischen Zeitschriften publiziert worden waren. Sogar die Frequenzen, auf denen Sputnik funkte, waren vorab veröffentlicht worden und konnten von jedem Hobbyfunker verfolgt werden (Jäggi, 2017).

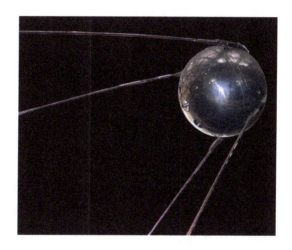

**Abb. 12**
Modell des ersten sowjetischen Satelliten „Sputnik 1", der die Erdumlaufbahn erreichte (public domain, NASA)

Die politische Reaktion auf den Sputnik-Schock war gewaltig. Die ganze amerikanische Nation stand unter Schock, der „Systemkampf" zwischen Amerika und der Sowjetunion, den die Amerikaner bis dahin für sich entschieden geglaubt hatten, stand zur Debatte. Neben den politischen Konsequenzen hatte der Sputnik-Schock ganz massive Auswirkungen auf die Fragen, wie man mit (wissenschaftlichen) Informationen umgehen sollte. Ein als „Weinberg-Report" entstandenes und veröffentlichtes Gutachten forderte die massive finanzielle Förderung für den Ausbau von Informationsinfrastrukturen und deren Ausstattung mit Informationen und Fachdatenbanken (Weinberg et al., 1963).

So entstanden in den USA und in vielen anderen Ländern als Folge des Sputnik-Schocks sogenannte Fachinformationsprogramme, die sicherstellen sollten, dass die (in Sammlungen) vorhandenen Informationen auch genutzt werden können.

Man hatte die Vorstellung, dass man Informationen nach Fachgebieten sammeln und als sogenannte „Fachinformation" organisieren könne.

Auch in Deutschland kam die Idee des Aufbaus der Fachinformation zur Realisierung. Die Bundesregierung plante im Rahmen des Programms zur Förderung der Information und Dokumentation (1974–1977) die Gründung von sechzehn Fachinformationszentren, die disziplinenspezifisch Daten und Fachinformationen organisieren, zugänglich machen und speichern sollten (BMBF, Referat für Presse und Öffentlichkeitsarbeit, 1975). Davon sind allerdings nur einige realisiert worden, denn schnell wurde klar, dass staatlich finanzierte Fachinformationszentren weder die Strukturierung noch die Sicherstellung der kompletten Informationsversorgung garantieren können oder gar das Problem des Information-Overload lösen.

Denn auch die Sammlungen der vielen Bibliotheken, die diese einschlägigen russischen Zeitschriften abonniert hatten, waren offenbar wirkungslos geblieben. Die viel gerühmte „Serendipity" hatte keinen amerikanischen Wissenschaftler zufällig zum richtigen Dokument geführt.

Was bleibt, ist die Einsicht, dass der Information-Overload in der zweiten Hälfte des 20. Jahrhunderts seinen Aufstieg vor allem durch die massenhafte Zunahme wissenschaftlicher Zeitschriftenbeiträge begann. Gleichzeitig hat die Verfestigung des Artikelformats vor allem in Naturwissenschaft, Medizin und Technik zu einer Standardisierung der wissenschaftlichen Auseinandersetzung geführt, die heute zunehmend kritisch gesehen und durch (vor allem digital unterstützte) Alternativen ergänzt wird. Dies ist dann das Thema der Diskussion über die Formate der Wissenschaftskommunikation heute (Kapitel 6.2 „Das Ende des linearen Textes").

## 4.2 Die Unterschiede in der Wissenschaftskommunikation von Geistes- und Naturwissenschaften

Die Kommunikation wissenschaftlicher Erkenntnisse unterscheidet sich ebenso wie die der jeweiligen Publikationskultur von Disziplin zu Disziplin. Zwar haben wir im vorigen Kapitel konstatiert, dass insbesondere in den Naturwissenschaften und der Technik das Format des Zeitschriftenartikels praktisch zum Goldstandard geworden ist und entscheidend zum Phänomen der Massenpublikationen beigetragen hat, dennoch existieren grundlegende Unterschiede in Form, Frequenz und Gestalt wissenschaftlicher Publikationen in den verschiedenen wissenschaftlichen Disziplinen. Auf der höchsten Aggregationsstufe unterscheiden sich die Naturwissenschaften deutlich von den Geisteswissenschaften. Herrscht dort der standardisierte Zeitschriftenartikel vor, ergänzt von Lehrbüchern und Konferenz-

## 4.2 Die Unterschiede in der Wissenschaftskommunikation …

Proceedings, so dominiert in den Geisteswissenschaften noch immer die Monographie als Einzelwerk meist eines einzigen Autors. Multiautorenschaft ist bei den Geisteswissenschaften eher selten, während umgedreht monographische Bücher nicht mehr das Format der Naturwissenschaften sind (sie waren es noch bis zum 17. Jahrhundert, als die fundamentalen Ergebnisse eines Isaac Newton, Gottfried Wilhelm Leibnitz oder Johannes Kepler als monographische Werke erschienen waren). Diese grundlegenden Unterschiede in den Publikationskulturen gilt es zu berücksichtigen, reflektieren sie doch den grundlegenden Prozess der Erkenntnisgewinnung in den jeweiligen Disziplinen. Zwar wird das Format des Zeitschriftenartikels von Hans-Jörg Rheinberger genau aus dem Grund kritisiert, dass dieses den Erkenntnisprozess gerade nicht widerspiegele (2018, S. 203), dennoch sind die eingesetzten Methoden in den Natur- und Geisteswissenschaften so verschieden, dass sie die Basis für einen grundlegenden Unterschied im Publikationsverhalten begründen können. Während in den Naturwissenschaften und der Technik experimentelle Methoden als Grundlage im Erkenntnisprozess dienen und die Ergebnisse meist mathematisch-formal kodifiziert sind, arbeiten die Geisteswissenschaften mit hermeneutischen (oder empirischen) Methoden und kodifizieren und kommunizieren nahezu ausschließlich in natürlichen Sprachen.

Geht man in die Tiefe und differenziert die einzelnen Wissenschaftsdisziplinen weiter, so sehen wir deutliche Unterschiede in den Publikationskulturen und den sich daraus ergebenden Formen der Wissenschaftskommunikation. So etwa dominieren in der Biologie, Physik und Chemie die kleineren (klassischen) Formate des Zeitschriftenaufsatzes, während die Mathematik noch immer auch in Monographien veröffentlicht. Die Informatik hingegen nutzt nahezu ausschließlich die Möglichkeiten der Veröffentlichung auf elektronischen Preprintservern und als Proceedings von Konferenzen. „(…) [D]as Entscheidende [ist, Anm. d. Verf.] für die Informatiker nicht die Publikation in Journalen (…), sondern die Erlaubnis, auf großen Konferenzen vorzutragen" (Rühle, 2009). Das Gleiche gilt etwa auch für die Hochenergiephysik, die eine der ersten Disziplinen war, die auf einem Preprintserver nahezu alle Beiträge veröffentlicht hat. Dieser Preprintserver wird „arXiv" genannt und wurde bereits im Jahre 1991 in Los Alamos gegründet („arXiv. org e-Print archive", o. J.). In den Technikwissenschaften sind Patente, Software und Konferenzbeiträge dominierende Formen der Wissenschaftskommunikation.

Noch größere Unterschiede in den einzelnen Disziplinen finden wir in den Geisteswissenschaften. Dort unterscheiden sich die Veröffentlichungspraktiken etwa in den Rechtswissenschaften erheblich von denen der Geschichtswissenschaft, Philosophie oder Literatur- und Sprachwissenschaft. Sozialwissenschaften, Psychologie sowie Betriebs- und Volkswirtschaft befinden sich an der Schnittstelle zwischen hermeneutischen und empirischen Disziplinen und tendieren je nach

Ausrichtung der Forschungsmethoden in ihrer Publikationspraxis entweder zu den Natur- oder zu den Geisteswissenschaften.

Allein die Juristen in der Rechtswissenschaft haben ein völlig eigenes Publikationssystem, da sich auch die Reputationsmechanismen in dieser Disziplin massiv von denen der anderen Geistes- und Sozialwissenschaften unterscheiden. Neben klassischen Zeitschriftenbeiträgen treten dort Kommentare, Rezensionen, Anhörungen und andere wissenschaftliche Beiträge auf, die sich etwa einer klassischen Zitationsanalyse der Bibliometrie vollständig entziehen.

Die Teildisziplinen der Alten Geschichte, der Klassischen Archäologie und der Klassischen Philologie sind in der Regel sowohl zeitlich als auch geographisch hoch spezialisiert, was sich im Publikationsverhalten, insbesondere den Publikationsort und die Publikationssprache niederschlägt. Allerdings hat in den letzten Jahren das Bedürfnis nach internationaler Wahrnehmung zugenommen und damit auch die Anzahl der Publikationen im Ausland. Ein Trend zum Englischen ist zwar existent, aber keineswegs allgemein und in den einzelnen Teildisziplinen sehr unterschiedlich ausgeprägt (Jehne, 2009, S. 60). Monographien sind in der Regel wichtiger für die wissenschaftliche Reputation als Aufsätze in Zeitschriften und in Sammelbänden.

Rechtswissenschaft, Sprachwissenschaft, Literaturwissenschaft, Soziologie, Öffentliche Verwaltung und Politikwissenschaft haben häufig eine nationale und regionale Orientierung (Nederhof, 2006, S. 83–84). Dies zeigt sich daran, dass sie oft an regionalen und nationalen Themenschwerpunkten arbeiten, die die regionale und nationale Öffentlichkeit als Zielgruppe adressieren und Publikationen in regionalen und nationalen Zeitschriften, Monographien und Reporten/Zeitungsbeiträgen lanciert werden. Während die Publikationen aus der Naturwissenschaft zumeist (und fast ausschließlich) an Spezialisten ihres Faches gerichtet sind, ist die Zielgruppe der geistes- und sozialwissenschaftlichen Arbeiten auch die breite Öffentlichkeit (z. B. politikwissenschaftliche Publikationen) (Nederhof & Van Wijk, 1997). In einigen sozial- und geisteswissenschaftlichen Forschungsfeldern sind bis zu 75 % der Publikationen an Nicht-Wissenschaftler, wohl aber Spezialisten adressiert (Nederhof, Zwaan, De Bruin, & Dekker, 1989). Ein besonderer Effekt ergibt sich bei der Literaturwissenschaft. Sie treibt selten reine Grundlagenforschung, sondern bearbeitet häufig Themen und setzt Methoden ein, die einen mehr oder weniger fließenden Übergang von der reinen Wissenschaft in die gesellschaftliche Dimension des Feuilletons und der politisch-gesellschaftlichen Debatten darstellen und ermöglichen. Dabei erfolgen die Veröffentlichungen oftmals in der Landessprache (Kyvik, 2003). Insgesamt beobachten wir in den Sozial- und Geisteswissenschaften einen Trend zu Publikationen weg von der Monographie hin zu mehr Zeitschriftenbeiträgen. „Traditionally, in many social sciences and humanities fields, publications in edited volumes and monographs tend to be important for both output and impact" (Nederhof, 2006, S. 84). Dies wiederspricht allerdings einem festgestellten „slower pace of theoretical development" (Nederhof, 2006, S. 86), denn in den Sozial- und Geisteswissenschaften haben Publikationen in Bezug auf die Zitation eine längere „Halbwertszeit". Ebenso haben ältere Publikationen in den Sozial- und Geisteswissenschaften eine längere wissenschaftliche Gültigkeit. Dies zeigt sich an hohen Zitationsraten von älterer Literatur (Glänzel, 1996). Eine Analyse von Zitationslisten in den Sozial- und Geisteswissenschaften hat gezeigt, dass im Vergleich zu den NSE (Natural Sciences and Engineering)-Disziplinen wesentlich öfter 5, 10 oder 15 Jahre alte Publikationen zitiert werden (Thompson, 2002, S. 128).

Eine weitere Besonderheit ist die Anzahl der Autoren (single author vs. team research). Wir haben oben bereits in einem Beispiel darauf hingewiesen. In den Sozial- und Geisteswissenschaften werden Publikationen wesentlich häufiger von nur einem Autor verfasst als in den Naturwissenschaften (Thompson, 2002, S. 133). Eine Studie von Rubio zeigt, dass in Spanien zwischen 1986 und 1989 lediglich 14 % des Publikationsoutputs in den Sozialwissenschaften und nur 3 % in den Sprachwissenschaften mit Ko-Autoren erstellt wurden (Rubio, 1992, S. 13ff.). Im Gegensatz dazu dominiert in den Naturwissenschaften die „team-research". Für norwegische Publikationen aus dem Bereich Medizin und Naturwissenschaften im Zeitraum von 1998–2000 wurde festgestellt, dass 80–85 % der Veröffentlichungen mehr als einen Autor hatten. Im Bereich technologischer Forschung betrug der Prozentsatz der Mehrautoren-Veröffentlichungen 72 %, in den Sozialwissenschaften 43 % und in den Geisteswissenschaften lediglich 14 % (Kyvik 2003, S. 42). Zudem veröffentlichen viele geisteswissenschaftliche Fächer ihre Bücher noch in gedruckter Form. Gleiches gilt auch für die Zitierung unterschiedlicher Medienformate (siehe Abbildung 13)

In den Wirtschaftswissenschaften hat sich ebenfalls ein eigenes Publikationssystem etabliert. Es ist eine eindeutige Tendenz in der Publikationskultur hin zu wissenschaftlichen Journalen erkennbar. Diese können als „*das* Publikationsmedium für wirtschaftswissenschaftliche Forschung angesehen werden" (Leininger, 2009, S. 67). Dies gilt sowohl für den Bereich der Volkswirtschaftslehre als auch für den Bereich der Betriebswirtschaftslehre. Allerdings ist diese Entwicklung in der Volkswirtschaftslehre infolge der höheren methodischen Einheitlichkeit weiter vorangeschritten als in der Betriebswirtschaftslehre (Leininger, 2009, S. 67). Für beide wirtschaftswissenschaftlichen Disziplinen gilt eine mittlerweile weltweit akzeptierte Rangordnung der Journale, die nach den Kategorien A, B, C und D eingeteilt werden (die Annahmequote von AA-Journals liegt unter 10 %). Dabei ist die Internationalisierung soweit fortgeschritten, dass alle Spitzenjournale (AA und A) und die meisten anderen (B und C) in englischer Sprache publiziert werden. Damit geraten nationale Zeitschriften (sofern sie in der Nationalsprache erscheinen)

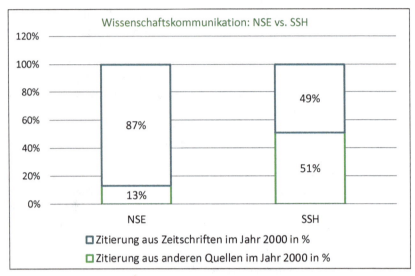

**Abb. 13** Quellennutzung in Naturwissenschaft und Technik vs. Sozial- und Geisteswissenschaften (Eigene Darstellung in Anlehnung an Larivière, Archambault, Gingras, & Vignola-Gagné, 2006, S. 1000)

automatisch ins Hintertreffen. Aus diesem Grund werden einige nationale Journals, so z. B. die German Economic Review oder die Japanese Economic Review, von den herausgebenden Vereinigungen in Englisch veröffentlicht. Für die Betriebswirtschaftslehre gilt dies in abgeschwächter Form. In der Regel werden Zeitschriftenbeiträge in den Wirtschaftswissenschaften von mehr als einem Autor verfasst.

Fachbücher werden in den Wirtschaftswissenschaften zwar noch in großer Zahl publiziert, doch sind diese – abgesehen von Lehrbüchern im engeren Sinn – in der Regel weitgehend artikelbasiert. Dennoch werden weiterhin hervorragende Publikationen in Buchform erstellt, die sich allerdings auf wenige prestigeträchtige Verlage (z. B. MIT Press, Oxford University Press, Cambridge University Press etc.) beschränken.

Die Unterschiede in der Publikationskultur fallen also in den einzelnen Wissenschaftsdisziplinen sehr deutlich aus. Damit wird klar, dass bei möglichen Veränderungen, die im Rahmen von steuernder Wissenschaftspolitik, etwa bei der Durchsetzung des Open-Access-Publizierens oder den nationalen Lizenzabschlüssen für den Zugang zu wissenschaftlicher Literatur, durchgesetzt werden sollen, nur ein differenzierter Blick auf die heterogen Publikations- und Kommunikationskulturen der unterschiedlichen Disziplinen zum Erfolg führt. Standardlösungen mit Durchschnittsannahmen werden weder der einzelnen Wissenschaft, noch ihrer Kommunikation gerecht.

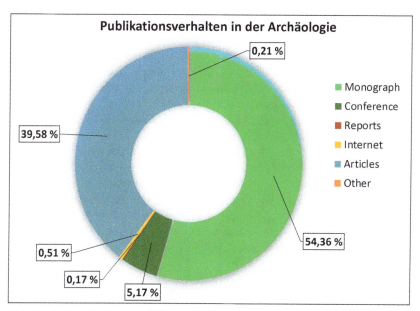

**Abb. 14** Publikationsformate in der Archäologie (Eigene Darstellung in Anlehnung an Norris & Oppenheim, 2003, S. 726)

## 4.3 Die Quantifizierung des Wissens: Der Science-Citation-Index als Modell der Wissenschaftsbewertung

Die Menge der wissenschaftlichen Veröffentlichungen ist spätestens ab der zweiten Hälfte des 20. Jahrhunderts so groß geworden, dass aus dem Massenphänomen ein Massenproblem resultierte. Die Aufmerksamkeit eines Wissenschaftlers ist begrenzt und die Zahl der Beiträge, die er pro Jahr lesen kann, ist in etwa gleichgeblieben. Damit klafft eine immer größer werdende Lücke zwischen der Menge der veröffentlichten wissenschaftlichen Erkenntnisse und der Menge, die eine Wissenschaftlerin pro Zeiteinheit lesen kann. Die Wahrnehmung und Rezeption der wissenschaftlichen Publikationen sind damit zu einem Problem der Ökonomie der

Aufmerksamkeit geworden. Wer weiter arbeitet und weiterliest wie bisher, reduziert die Zahl wahrgenommener Publikationen im Verhältnis zur Zahl der Veröffentlichungen. Damit jedoch läuft jede Forscherin Gefahr, die entscheidenden Beiträge aus ihrem Fachgebiet nicht mehr wahrnehmen zu können. Die zweite Hälfte des 20. Jahrhunderts ist deshalb das Jahrhundert der Referate- und Abstract-Datenbanken und – in logischer Konsequenz der immer weiter steigenden Output-Menge – der Quantifizierung der wissenschaftlichen Veröffentlichungen.

Wer nicht mehr alles lesen kann, was in seiner wissenschaftlichen Disziplin veröffentlicht wird, muss auswählen; und zwar nach Relevanz des Publizierten, damit der Wissenschaftler zumindest die (für ihn) wichtigsten Beiträge wahrnehmen kann. Dabei gibt es – auch lange vor der digitalen Zeit – eine ganze Reihe von Methoden und Strukturen, die eine entsprechende Hilfe bei der Auswahl des Relevanten aus der Unübersichtlichkeit der Menge darstellen. Zu Zeiten der vornehmlichen Buchpublikationen war zunächst der Verlag Garant für eine bestimmte Qualität oder doch zumindest eine fachliche Tiefe seiner Veröffentlichungen. Oder anders formuliert: Die Wissenschaftlerin wusste sehr wohl, dass Bücher eines bestimmten Verlags meist Inhalte liefern, die qualitätsgeprüft und lektoriert waren und damit ein Mindestmaß an Vertrauenswürdigkeit aufweisen. Genauso war klar, dass Bücher bestimmter Verlage diese Anforderungen nicht erfüllen und deshalb ab einer gewissen Qualitätserwartung nicht mehr in Erwägung gezogen werden konnten.

Das gleiche Prinzip galt (und gilt in Teilen noch immer) für die Verlage von Zeitschriften und vor allem für die Titel der Zeitschriften. Die Relevanzfilterung ist hier wie dort sowohl in Richtung „lesen" (wahrnehmen) als auch „publizieren" (wahrgenommen werden) gültig. Wissenschaftlerinnen haben je nach Stand in der Karriere einen bestimmten Qualitätsanspruch und meiden bestimmte Verlage und deren Zeitschriften, Bücher und Serien, versuchen hingegen ihre Veröffentlichungen so zu platzieren, dass sie größtmögliche (fachliche) Aufmerksamkeit erreichen.

Schon früh in der Entwicklung der Wissenschaftsgeschichte gab es Versuche, das Wissen einer Disziplin (und früher der gesamten Welt) als enzyklopädisches Weltwissen zusammenzufassen und damit „fassbar" zu machen. Thematische Zusammenfassungen und Sammelbände spiegeln den Wunsch wieder, Inhalte zu fokussieren und so Zerstreutes zu sammeln. Sogenannte „Referateorgane" waren (und sind es teilweise noch) Zeitschriften, in denen wissenschaftliche Publikationen vorgestellt und kurz referiert werden. Damit weiß der Leser, ob es sich (thematisch) lohnt, die Originalveröffentlichung zu lesen. In den Geisteswissenschaften gilt die Rezension eines anderen Buches gar als eigenständige wissenschaftliche Publikation.

Referateorgane gibt es schon seit der Mitte des 19. Jahrhunderts. Sie entstanden zu der Zeit, als die Zahl der wissenschaftlichen Zeitschriften etwa dreihundert erreicht hatte und damit bereits eine gewisse Unübersichtlichkeit entstanden war.

## 4.3 Die Quantifizierung des Wissens

Interessanter- und logischerweise hat sich die Zahl der Referateorgane (zumindest im Zeitalter gedruckter Publikationen) parallel zum Anstieg der Zahl wissenschaftlicher Zeitschriften entwickelt (Leydesdorff, 2008, S. 6). De Solla Price geht hierbei von einer Verdopplung der Referateorgane alle fünf bis zehn Jahre aus (1963, S. 6). Mit der Zunahme der Veröffentlichungsmenge stieg der Bedarf an Fokussierung weiter.

Die Referateorgane entwickelten sich schließlich mit der Kurzform einer Inhaltsangabe (Abstract) und zugehörigen Schlagwörtern (Keywords) zu gedruckten Übersichtsnachschlagewerken oder Nachweiskatalogen und später zu digitalen Inhalts- oder Abstract-Datenbanken.

Hier konnte der Wissenschaftler alle in seinem Fachgebiet relevanten Veröffentlichungen eines bestimmten (aktuellen oder zurückliegenden) Zeitraums auf Stich- und Schlagwörter hin aussortieren und bei Interesse die verwiesenen Abstracts lesen.

Die Wiedergabe der Inhaltsverzeichnisse von Fachzeitschriften bestimmter Wissensgebiete wird als „Table of Contents-Dienste" bezeichnet und bietet der Leserin kompakte Zugänge zu ihrer Disziplin.

Current-Contents-Dienste sind Informationsdienste, die regelmäßig die Inhaltsverzeichnisse (oder Abstracts) ausgewählter Periodika zusammenstellen und nutzbar machen. Sie können in Form von gedruckten Nachschlagewerken oder als recherchierbare Datenbanken zur Verfügung stehen. Heute ist z. B. Current Contents Connect eine Informationsdatenbank mit wöchentlichem update über alle (naturwissenschaftlich-technischen) Disziplinen von Clarivate Analytics (Clarivate Analytics, o. J.). Ähnliche Indices sind Geographical Abstracts (Geographical Abstracts, o. J.), Chemical Abstracts Service – seit 1907 als Produkt der American Chemical Society gegründet („Chemical Abstracts Service", 2019) – oder auch die disziplinenübergreifende Datenbank „Science Citation Index".

Das letztgenannte Produkt wendet die Herangehensweise von der inhaltlichen Fokussierung durch Schlag- und Stichwörter über Abstracts hin zu einer quantitativen Analyse und Auswertung der wissenschaftlichen Veröffentlichungen. Dieser Schritt ist von so grundlegender Bedeutung, da er bis heute einen massiven Einfluss auf die Strategie des Publizierens hat und zu einem grundlegenden Wandel in Form und Technik wissenschaftlicher Bewertung geführt hat.

Doch der Reihe nach: Im Jahre 1962 gründet der amerikanische Chemiker Eugene Garfield ein interdisziplinäres Verzeichnis, in das er die Zitierungen in wissenschaftlichen Zeitschriften indexiert (Wouters, 2017, S. 492). Dieses Produkt ist noch keine Datenbank, sondern aufgrund der vordigitalen Zeit eine Karteisammlung. Seine Mitarbeiter und er selbst sehen Zeitschriften durch und analysieren die Zitierungen, bevor sie diese in eine Kartei übertagen. Damit entsteht noch in intellektueller und händischer Arbeit ein Verzeichnis, das die Zitierungen von

Artikeln in den jeweiligen Zeitschriften zählt und zusammenstellt. Damit kann er eine Aussage machen über die Häufigkeit der Zitierungen von wissenschaftlichen Publikationen in den entsprechenden Zeitschriften. Das Ergebnis ist eine Kennzahl, die jeder ausgewerteten Zeitschrift zugeordnet werden kann und die eine Aussage darüber macht, wie oft die Beiträge in dieser Zeitschrift im Durchschnitt in anderen Journalen zitiert werden. Eugene Garfield nennt diese Zahl „Journal Impact Factor" (JIF) – in der Erstpublikation 1955 benennt er sie noch als „Impact Factor" ohne das vorangestellte „Journal" (Garfield, 1955, S. 2). Es werden in anderen Publikationen auch folgende Bezeichnungen für diesen Wert verwendet: „Garfield impact factor", „journal citation rate", „journal influence" oder „journal impact factor". Garfields Grundidee war dabei zunächst, den JIF den Bibliothekaren als Hilfestellung an die Hand zu geben bei der Beschaffungsentscheidung einer Zeitschrift. Denn so hätten die Bibliotheken eine Chance, ihren Erwerbungsetat nur für Zeitschriften mit einem hohen Impact auszugeben. 1963 wird aus dem Verzeichnis der erste „Science Citation Index" (SCI), der mehr als 500 Fachzeitschriften und zwei Millionen Zitate auswertet. Der Referenzzeitraum umfasst die Jahre 1961 und 1962, also immer zwei Jahre zurückliegend. Das wird als Systematik des JIF bis heute so bleiben, auch wenn später Impactfaktoren ermittelt werden, deren Referenzzeitraum mehr als zwei Jahre umfasst.

Die Zitationsdaten, die Garfield und sein Team erheben, werden als gedrucktes Nachschlagewerk herausgegeben und ermöglichen nicht nur, den JIF herauszulesen, sondern auch die Zitierungen der verschiedenen Publikationen zu nutzen, etwa um besonders oft zitierte Artikel zu identifizieren und sie dann zu lesen. Die qualitative Auswahl der Wissenschaftlerin transformiert sich durch diese bibliometrischen Kennzahlen in eine quantitative Entscheidung. Im Extremfall spricht man nicht mehr über den Inhalt einer Publikation, sondern nur noch über deren Zitierungen. In aufwendigen, verschiedenartigsten Registern erhielt man so Zugang zu veröffentlichter Zeitschriftenliteratur und deren bibliometrischen Kennzahlen.

Das Werk, das Garfield herausgibt, nennt er „Science Citation Index" (Abbildung 15) und es wird die Nutzung wissenschaftlicher Literatur und die Bewertung der Produzenten nachhaltig verändern. Denn sehr schnell ist nicht mehr der einzelne Artikel Gegenstand des Interesses von Quantifizierung, sondern der Autor. Die Metriken werden dann angewandt auf Personen und damit wird ein Transfer hergestellt, der so weder von Garfield angedacht war noch inhaltlich sinnvoll und richtig ist. Denn weder misst die Zitation lediglich die Wahrnehmung einer Veröffentlichung und sagt etwas direkt über deren Qualität (und noch weniger über den Autor), noch ist ein Autor deshalb besonders wichtig, weil er in Zeitschriften mit einem hohen JIF publiziert.

## 4.3 Die Quantifizierung des Wissens

**Abb. 15** Den Science Citation Index gibt es schon seit 1963 als gedruckte Ausgabe mit einem komplexen Verweisregister.

Beide Anwendungen jedoch sind längst Realität in der Wissenschaftscommunity und längst werden bei Bewerbungen auch eine ganze Reihe von bibliometrischen Indikatoren als Beweis für die Bedeutung der eigenen Forschung und Veröffentlichungen beigefügt.

Dabei misst die Zitierrate einer Veröffentlichung immer nur die jeweilige Aufmerksamkeit und sagt noch nichts über die Qualität einer Arbeit aus. Der Rückschluss aus der Quantität (etwa die Zitierrate) auf die Qualität einer Veröffentlichung (etwa der Beitrag zur Weiterentwicklung des Forschungsstandes) ist immer nur ein mittelbarer. Statistisch sind hoch zitierte Arbeiten wichtiger als nicht oder wenig zitierte, aber ein kausaler Direktschluss ist nicht zulässig. Noch weniger sinnhaft ist die Nutzung des JIF zur Bewertung von Personen und deren Forschungsleistung. Der JIF ist lediglich ein Maß für die durchschnittliche Zitierhäufigkeit der Artikel in einem Journal. Er lässt nicht einmal den Schluss auf die Zitierhäufigkeit eines einzelnen Artikels zu, geschweige denn auf dessen Qualität (Clermont, Dirksen, Scheidt & Tunger, 2017).

Die Erstellung des SCI durch Garfield und sein Team, später dem ISI, war in Zeiten gedruckter Medien ein aufwendiges Unterfangen. Zeitweise waren Hunderte von akademisch qualifizierten Mitarbeitern mit der Auswertung der Quellen und der Erstellung des Index beschäftigt. Erst die Digitalisierung der Wissenschaftskommunikation und in deren Folge die Möglichkeit einer automatisierten Verarbeitung machte aus dem gedruckten umfangreichen Indexwerk eine gut zu bedienende Datenbank. Damit erfuhr das System aber auch eine erweiterte Nutzungsmöglichkeit: Nunmehr konnte die Datenbank auch als Literaturrechercheinstrument eingesetzt werden. Die Datenbank erfuhr kontinuierlich mehrere Erweiterungen und ist zwischenzeitlich an das Analyticsunternehmen Clarivate verkauft worden. Es gab und gibt immer wieder Kritik daran, dass Garfield diese wichtigen Daten zur Wissenschaftskommunikation wenige Jahre nach seiner Gründung als privates Unternehmen (Institut of Scientific Information, ISI) geführt hat und nicht als Einrichtung seiner Universität.

Tatsächlich jedoch wollte Garfield seine Datenbank samt Geschäftsidee in öffentlicher Hand weiterführen, jedoch wurde sein Antrag auf öffentliche Forschungsmittel in den USA abschlägig behandelt. Seit dieser Zeit befinden sich diese Daten in den Händen privater Unternehmen, die sich die Nutzung durch hochpreisige Lizenzgebühren gut bezahlen lassen (Garfield, 1955).

Inzwischen gibt es mehrere (kommerzielle) Datenbanken, die sich der Quantifizierung des Wissens und seines Outputs annehmen. An dieser Stelle können wir zwar eine Analyse der verschiedenen Datenbanken nicht vornehmen, einige Hinweise jedoch erlauben die Einordnung der Bedeutung der Quantifizierung der Wissenschaftskommunikation. Der von Garfield gegründete und heute unter dem Produktnamen „Web of Science" vertriebene SCI hat zu Beginn der 1990er Jahre Konkurrenz bekommen. Der Science Citation Index war jahrzehntelang ein Monopolprodukt und es war schon fast ausgemacht, dass ein Wettbewerbsprodukt praktisch nicht aufzubauen war, da nicht nur die jahrzehntelange Erfahrung, sondern auch der Aufbau der Datensammlung praktisch nicht zu kopieren war. Die Digitalisierung jedoch hat zu Beginn der 1990er Jahre die Karten neu gemischt. Sowohl durch die Etablierung neuer elektronischer Journale und Bücher als auch durch die massenhafte Retrodigitalisierung von Inhalten ergaben sich plötzlich neue Optionen. Nicht, dass nun jedermann in der Lage gewesen wäre, diese riesigen Datenmengen retrospektiv aufzuarbeiten, zu analysieren und als neues Produkt auf den Markt zu bringen, aber große, leistungsfähige Unternehmen der Publishing-Industrie, die zudem über enorme eigene Datenbestände verfügen, sollten diese Chance in Erwägung ziehen können. Tatsächlich hat der Verlag Elsevier im Jahre 2004 eine

## 4.3 Die Quantifizierung des Wissens

Datenbank auf den Markt gebracht, die als Wettbewerbsprodukt zum SCI angesehen werden darf. Zunächst wurden dem Produkt „Scopus" keine großen Marktchancen eingeräumt. Doch nach kurzer Zeit gelang es Elsevier, seine Datenbank „Scopus" so zu platzieren, dass sie heute nahezu gleichberechtigt als Zitations- und Literaturdatenbank Geltung hat. Die Gründe für den Markterfolg waren nicht nur die notwendige Retrodigitalisierung von eigenen Journalinhalten, die Lizenzierung und Digitalisierung von fremden Journalen, sondern auch der etwas andere Ansatz bei der Auswahl und Schwerpunktsetzung der ausgewerteten Originalinhalte. Während der SCI eine streng limitierte und regelmäßig neu bewertete Auswahl an internationalen Journalen auswertet, wurde der Scope bei Elsevier bewusst breiter gelegt, der Disziplinenfokus auch auf Geistes- und Sozialwissenschaften erweitert und zudem die ausschließliche Fixierung auf das Englische aufgeweicht. Damit gelang es Elsevier, eine neue interessierte Käuferschicht zu erschließen, die sich bisher im „Web of Science" nur unvollständig wiedergefunden hatte.

Erst im Jahre 2018 wurde eine weitere Datenbank auf dem Markt relevant, mit deren Hilfe man bibliometrische Analysen professionell durchführen kann. Die Datenbank „Dimensions" wurde lanciert vom Verlag Digital Science und ist neben dem „Web of Science" und „Scopus" die dritte Datenbank für Zitationsanalysen. Zwar kann man auch mit Google Scholar bibliometrische Analysen versuchen, doch sind deren Ergebnisse nicht belastbar, da Google weder die ausgewerteten Quellen, noch die zugrunde liegenden Auswahl- und Bewertungskriterien offenlegt.

Eine markante und für die Entwicklung der Wissenschaftskommunikation relevante Konsequenz aus der Verbreitung und Nutzung bibliometrischer Zitationsdatenbanken ist das zunehmende strategische Verhalten der Wissenschaftlerinnen und Wissenschaftler als Produzenten von wissenschaftlichem Output.

Wer weiß, dass ein Anerkennungs- und Bewertungssystem auf der Basis quantitativer Auswertungen beruht, wird seine Publikationsmethoden, -themen und -schwerpunkte entsprechend auswählen und fokussieren. Dies kann und wird bewusst und / oder unbewusst erfolgen. Die Philosophie des Looking Good statt Being Good evoziert strategisches Handeln der Autoren entlang und auf der Grundlage wissenschaftsfremder Kriterien (Jellison et al., 2019, S. 1–2). Diese Anpassungsstrategie führt nicht nur im Extremfall dazu, dass nicht mehr die Suche nach Erkenntnis und Wahrheit die Treiber wissenschaftlichen Handelns sind, sondern der Wunsch nach Wahrnehmung.

Die Quantifizierung des Wissens als (notwendige) Konsequenz der Wissenschaft als Massenphänomen etabliert damit ein System, das die Deutungshoheit über Qualität und Relevanz von Forschung und Wissenschaft aus dem selbstreferenziellen System der Wissenschaft in ein System wissenschaftsfremder Bezugsgrößen entlässt.

# Wissenschaftskommunikation in der Gegenwart

## 5.1 Die Digitalisierung der Wissenschaftskommunikation

Die Geschichte der Wissenschaftskommunikation ist auch eine Geschichte der Medien. Denn entlang der verschiedensten Medienarten und -formen haben sich die Wissenschaft und ihre Kommunikation ereignet. Sie waren nie unabhängig von den jeweiligen Medien, ihrer Techniken und ihrer Materialität. Wir haben in den vorangegangenen Kapiteln bereits beschrieben, dass der erste Paradigmenwechsel der Wissenschaftskommunikation entlang eines Medienbruchs stattgefunden hatte. Platon war der große Verfechter einer ausschließlich mündlichen Kommunikation, seine Argumente haben wir ausführlich erläutert. Aristoteles hingegen beharrte auf der schriftlichen Fixierung und seine Position setzte sich schließlich in der Geschichte der Wissenschaftskommunikation durch. Dennoch war auch das aristotelische Paradigma an die verfügbaren Materialien und die jeweiligen Schreibtechniken der Zeit gebunden. Das Buch als Codex (also die Bindung des beschriebenen Materials zu einem Buchblock) – der späteren dominanten Verbreitungsform – war noch nicht etabliert und Papier als Beschreibstoff noch nicht erfunden. Zwar war auch Pergament schon als Beschreibstoff verfügbar, spielte aber zunächst noch keine große Rolle, da es im Vergleich zum Papyrus sehr teuer und auch kompliziert zu beschreiben war. In dieser frühen Zeit der (wissenschaftlichen) Kommunikation dominierte Papyrus als Beschreibstoff und die Papyrusrolle als das Gebinde für die Sammlung von Inhalten. Das Buch in Codexform wurde erst in der Spätantike relevant. Manche Papyrusrollen begann man gar auf Pergament umzuschreiben und sie als Codex zu binden. Dennoch ist Papyrus als Beschreibstoff bis ins 11. Jahrhundert n. Chr. nachzuweisen. Selbstverständlich wurden diese Papyri (und das Pergament) von Hand beschrieben und verziert (Bauer, 2018, S. 100). Das sollte sich bis zum zweiten Paradigmenwechsel durch Johannes Gutenberg im Jahre 1450 nicht ändern. Zwar wurde die Codexform bald zum Goldstandard für die Produktion der Handschriften, aber der Beschrieb der Materialien war und blieb der Handschrift vorbehalten. Das Drucken von ganzen Seiten, wie es etwa in China schon erfunden war und auch teilweise in Europa eingesetzt wurde, blieb von marginaler Bedeutung, da das Stechen der Matrizen ganzer Seiten ein riesiger Aufwand war und praktisch keinerlei Verbesserung zum handschriftlichen Kopieren der Kopierwerkstätten bedeutete, das zunächst in den Klöstern (und später auch darüber hinaus) zu einem regelrechten Geschäftsmodell entwickelt worden war. Erst später, kurz vor Erfindung des Buchdrucks durch Gutenberg, wurden auch kommerzielle Kopierstuben etabliert, deren Aktivitäten aber – so würde man es heute formulieren – durch die disruptive Technologie Gutenbergs schnell wieder beendet wurden. Ohnehin kamen im 15. Jahrhundert die Kopisten mit der Arbeit nicht mehr nach. Bücher wurden nachgefragt und waren beliebt, während gleichzeitig auch die Autoren mehr und mehr Interessantes und Neues schrieben und damit die Menge der Veröffentlichungen zunahm. Gutenbergs Erfindung des Buchdrucks mit beweglichen Lettern war deshalb nicht nur eine technische Neuerung, sondern auch die Reaktion auf einen Marktbedarf, der mit Hilfe der vorhandenen Technologien nicht mehr zu bedienen war. Dies betraf sowohl die Menge als auch die Bezahlbarkeit von Büchern und anderen Schriften (Janzin & Güntner, 2007, S. 100).

Gutenbergs Erfindung konnte deshalb beide Problemstellungen lösen: Er war in der Lage, Bücher schnell und in großen Auflagen zu produzieren und sie gleichzeitig zu einem Bruchteil der Handschriftenkosten bezahlbar auf den Markt zu bringen. In diesem Sinne ist Gutenberg ein Pionier der heute oft gescholtenen Publishingindustrie, die ebenfalls einen Massenmarkt der Wissenschaftskommunikation bedient. Gutenberg hatte ein Gespür für die wirtschaftliche Notwendigkeit einer Massenproduktion von Büchern, die er mit disruptiver Technologie etablieren konnte. Dabei ging es ihm aber nicht um die Abschaffung der Buchform oder die Kritik an der Gestaltung der Handschriften. Im Gegenteil: Mit seiner 42-zeiligen Bibel (42 Zeilen pro Seite) wollte er die handschriftlichen Bibeln qualitativ übertreffen. Der Druck sollte so gut sein, dass man einen Unterschied zur Handschrift nicht mehr erkennen konnte (Giesecke, 1997, S. 45). Ganz ähnlich wie heute oftmals über die Qualität und den Sinn von Internetpublikationen die Nase gerümpft wird, gab es zu Gutenbergs Zeiten massive Kritik an der Qualität, Produktionsweise und Kommerzialisierung seiner Erfindung. Denn bis weit in das späte Mittelalter hinein war der individuelle Autor eines Buches nicht von Bedeutung. Gerade bei geistlichen Texten herrschte die Auffassung, er sei nur das Werkzeug Gottes, der durch die Hand des Schreibers seinen Geist fließen lies. Die mechanisch-vorindustrielle Massenproduktion und Vervielfältigung von Büchern und anderen Schriften waren mit einer solchen Philosophie nicht mehr vereinbar. Gutenbergs Erfindung wurde nicht nur vorgeworfen, die Qualität einer perfekten Handschrift zu korrumpieren, sondern auch den Geist Gottes aus den Büchern zu vertreiben.

Der Erfolg bei der Herstellung und beim Vertrieb der Bücher im neuen Druckverfahren gab Gutenberg und seinen Nachfolgern jedoch Recht. Die Zahl der Bücher und Veröffentlichungen stieg rasant und bis heute geht man davon aus, dass die Reformation, die so großen Wert auf die Verfügbarkeit der Bibel für alle (und dazu noch in der jeweiligen Landessprache) gelegt hatte, ohne die Erfindung des Buchdrucks so nicht hätte stattfinden können.

In der Renaissance wurden zudem die antiken Schriften wiederentdeckt und neu herausgegeben und konnten so, nun im preiswerten Druckverfahren, vervielfältigt einem größeren Publikum zugänglich gemacht werden (Greenblatt, 2012).

Es ist nicht aufzulösen, ob die Erfindung des Buchdrucks und ihre umfassende Einführung bei der Herstellung von Büchern die Menge der Veröffentlichungen gesteigert hat, oder ob umgekehrt der Marktdruck der großen Zahl von Veröffentlichungen (und Autoren) die Erfindung Gutenbergs beschleunigt haben. Die Wissenschaftskommunikation nahm jedoch mit Gutenbergs Technik einen neuen Anlauf zu größerem Output. Der Aufbau großer Büchersammlungen und Bibliotheken nahm seinen Aufschwung.

Als Beschreibstoff wurde in Europa ab dem 11. Jahrhundert Papier eingesetzt. Kenntnisse über die Technik der Herstellung aus Hadern kamen aus Asien, wo auf diese Weise Papier schon seit dem 3. vorchristlichen Jahrhundert eingesetzt wurde. Es entwickelte sich eine ganze Branche, die den Prozess der Papierherstellung optimierte und dazu teilmechanisierte Papiermühlen einsetzte. Fortan diente Papier als Material für den Buchdruck. Da immer mehr gedruckt wurde, wurde der Rohstoff für die Papierherstellung zeitweise knapp. Lumpensammler zogen durch ganz Europa, um alter Kleider und Leinenstoffe habhaft zu werden. Man sah sich bald genötigt, nach Alternativen zu suchen. Aber erst zu Beginn des 19. Jahrhunderts wurde die Herstellung von Papier aus Holzfasern (Holzschliff) realisiert. Damit erst gelang eine Massenproduktion, die den zunehmenden Bedarf an Papier vor allem für die Buchproduktion decken sollte.

Die Produktion und Verbreitung wissenschaftlicher Inhalte waren und sind an die jeweiligen verfügbaren Medien und ihre Materialität gebunden. Insofern trifft die These von Marshall McLuhan auch auf die Medien der Wissenschaftskommunikation zu, wenn er in seinem gleichnamigen Buch, „The Medium is the Massage" eine Anspielung darauf macht, dass der Inhalt maßgeblich vom gewählten Medium vorgegeben wird. (McLuhan, Fiore, & Angel, 1967). Diese Feststellung ist allerdings für die Vermittlung von wissenschaftlichen Inhalten noch gravierender, als für die Produktion von Unterhaltungstexten. Tatsächlich war und ist die Kommunikation über die wissenschaftlichen Erkenntnisfortschritte immer gebunden an die Möglichkeiten und Grenzen des jeweiligen Verbreitungsmediums und seine materielle Beschaffenheit. Die Vorstellung, dass wissenschaftliche Erkenntnisse immer in definiten Sprüngen oder bestimmten Stufen erfolgt, ist insofern eine direkte Folge der 500 Jahre währenden Abhängigkeit der Wissenschaftskommunikation vom Medium „Buch" und seiner Materialität. Denn der eigentliche Prozess der Erkenntnisgewinnung ist ein kontinuierlicher und zudem kein geradliniger. Thomas Kuhn hat Mitte des 20. Jahrhunderts beschrieben, wie Wissenschaft sich in Paradigmen bewegt und dabei eben kein linearer, evolutionärer Fortschritt erfolgt (Kuhn, 1973). Das papiergebundene Kommunikationsmedium aber ermöglicht keine kontinuierliche Darstellung des Erkenntnisfortschritts. Erst die Digitalität des 21. Jahrhunderts mit ihren vielfältigen technischen Umsetzungswerkzeugen erlaubt die durch das analoge Medium Papier vorgegebenen distinkten Schritte allmählich gegen eine kontinuierliche und verzweigte Darstellung des Erkenntnisfortschritts und vor allem des Erkenntnisgewinnungsprozesses der Forschung einzutauschen.

Diese neuen Möglichkeiten basieren auf einem grundlegenden Neuverständnis des Aufbaus wissenschaftlicher Erkenntnisse im Verlauf der Zeit. Die Vorstellung, dass sich die Wahrheit über die Zeit durch konkrete Erkenntnisschritte konstituiert, ist in großem Maße an das jeweilige Medium gebunden. Die Veröffentlichungen – und damit die eigentlichen Verlautbarungen eines Erkenntnisfortschritts – können in der analogen, auf Papier basierenden Welt nur in distinkten Schritten erfolgen. Es muss also so erscheinen, dass die Zunahme von Wissen als Erkenntnisgewinnung in stabilen, Schritt für Schritt aufsteigenden Erkenntnisstufen fortschreitet. Offensichtlich aber ist diese Vorstellung durch das zugrunde liegende Medium bedingt. In der digitalen Umgebung aber ist erstmals die Darstellung eines kontinuierlichen Erkenntnisprozesses möglich. Damit kippen nicht nur fest geglaubte Wahrheiten klarer Erkenntnisstufen, sondern auch deren einfacher Nachweis über die Zitierung der jeweiligen Veröffentlichung.

> „Im Westen haben wir uns Wissen über ein paar Jahrtausende hinweg als ein System stabiler und konsistenter Wahrheiten vorgestellt. Kann es sein, dass uns das mehr über die Grenzen der Medien des Wissens verrät als über das Wissen selbst? Wenn Wissen kommuniziert und konserviert wird, indem man es mit Tinte auf Papier schreibt, dann ist Wissen eben das, was es durch institutionelle Filter schafft und sich nicht verändert. Das neue Medium des Wissens ist aber weniger ein System zur Veröffentlichung von Aufsätzen oder Büchern, sondern eine vernetzte Öffentlichkeit (...). Es ist nie wirklich stabil, es ist nie vollständig aufgeschrieben und es ist nie endgültig fertig" (Weinberger, 2013, S. 236–237).

Die Entwicklung einer digitalen Wissenschaftsumgebung ist daher weit mehr als die Nutzung eines neuen Mediums zum Transport alter Inhalte: Sie ist eine Re-

## 5.1 Die Digitalisierung der Wissenschaftskommunikation

volution im System der Erkenntnisgewinnung, ihrer Kommunikation und ihrer Nachweise (dazu mehr im Kapitel „5.2 Das Internet und die Konsequenzen für die Wissenschaftskommunikation").

Mit der Entwicklung der Wissenschaften und der Ausdifferenzierung der Disziplinen im 19. Jahrhundert stieg auch die Menge der gedruckten wissenschaftlichen Literatur und Verzeichnisse weiter rasant an. Ebenso stieg mit der zunehmenden Menge der Platzbedarf für die Unterbringung und Archivierung dieser Medien in den Bibliotheken weiter, während die Organisation der Benutzung dieser Bestände einerseits, aber auch die Rezeption der Inhalte andererseits immer aufwendiger wurden. Es ist deshalb nicht überraschend, dass es schon bald Versuche gab, den Platzbedarf und die Nutzungsmöglichkeiten für wissenschaftliche Literatur zu optimieren und dabei auch den Weg nach neuen Medien und Materialien zu suchen.

So wurden bereits Ende des 19. Jahrhunderts Mikroformen für die Archivierung von wissenschaftlichen Inhalten eingesetzt („Mikroform", 2020). Dabei handelt es sich um auf Filmmaterial stark verkleinerte Kopien der originalen Druckversionen von Inhalten. Im Wesentlichen wurden Mikrofilme und Mikroplanfilme (Mikrofiche, Abbildung 16) für die Archivierung von wissenschaftlichen Inhalten (vornehmlich von wissenschaftlichen Zeitschriften und Zeitungen) eingesetzt. Durch die starke Verkleinerung wurden einerseits Platzeinsparungen realisiert, andererseits aber auch neue Nutzungs- und Suchmöglichkeiten angeboten. Das Durchsuchen von Zeitschrifteninhalten auf einem Mikrofilm ist schnell gemacht, während sich gleichzeitig das Lesen auf diesen Verkleinerungsformen eher mühsam gestaltet. Zudem setzt die Nutzung von Mikroformen immer spezielle Lesegeräte voraus, deren Nutzung sowohl eine Einführung in die Bedienung als auch die Verfügbarkeit in den Bibliotheken erfordert. Deshalb beschränkt sich die Mikroverfilmung von wissenschaftlichen Inhalten auf Mikrofilm und Mikrofiche meist nur auf schwer archivier- und handhabbare Materialien, z. B. großformatige Zeitungen, obwohl selbst noch in der Mitte des 20. Jahrhunderts Medientheoretiker von der Bibliothek im Kleinformat auf Mikrofiche träumten. So konzipierte einer der engsten Berater des amerikanischen Präsidenten Roosevelt, der Direktor des Office of Scientific Research and Development, Vannevar Bush, seine Memex („Memory Extender") als eine sonderbare elektrisch-mechanische Maschine, geschaffen um Inhalte und Bilder zu verknüpfen (Bush, 2003, S. 6). Die Inhalte der Weltbibliotheken sollten auf Mikrofilm abphotographiert werden und assoziativ miteinander verbunden sein. Es handelte sich beim Memex um ein Lesegerät von Mikrofilmen, das noch um viele andere Funktionen erweitert wurde. Man sollte mit Hilfe von Hebeln durch die Seiten blättern, Informationen speichern, um sie dann später abrufen zu können, und man konnte die Seiten durch Verknüpfungen verbinden. Dieser Ansatz ist sehr modern und geht weit über starre Anordnungen wie etwa Systematiken von

Bibliotheken hinaus (Selke, 2014, Kapitel „Ausgelagerte Gedächtnisse", 5. Absatz). Es ist praktisch die Vorwegnahme des modernen Netz-PCs mit Hyperlink-Technik auf dem Arbeitsplatz eines jeden Wissenschaftlers, die multimediale Universalbibliothek in der handlichen Größe einer Juke-Box. Mit ihrer Hilfe sollte 1945 den USA der entscheidende Vorsprung in Wissenschaft und Forschung gelingen. Die Memex wurde aber nie gebaut und so blieb es – zumindest in jener Zeit – bei der bloßen Vision einer alles verknüpfenden Literatur- und Informationsmaschine auf der Basis von mikroverfilmten Inhalten.

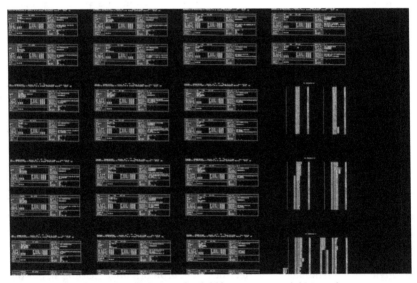

**Abb. 16** Mikrofiche (Ausschnitt im Kleinbildformat gescannt) (CC0 1.0)

Mikroformen in Bibliotheken beschränkten sich insbesondere auf Inhalte, die kein zusammenhängendes Lesen erfordern, deren Erschließung vielmehr auf die Suche hin ausgelegt war. Hier sind vor allem Verzeichnisse wie Bibliographien, aber auch ganze Bibliothekskataloge zu nennen, die sich bis zur Ablösung durch digitale Datenträger (die ersten waren Disketten und CD-ROMs) durchaus bis in die 1990er Jahre als Verbreitungs- und Suchsystem in Bibliotheken gehalten haben. Mikrofiche-Kataloge waren leicht zu reproduzieren und kostengünstig zu versenden, sie waren stabil und widerstandsfähig in der Benutzung und zudem überaus

## 5.1 Die Digitalisierung der Wissenschaftskommunikation

platzsparend. So konnte ein Ständer mit einigen hundert Mikrofiche durchaus ganze Katalogsäle ersetzen (siehe Abbildung 17).

**Abb. 17**
Durch starke Komprimierung können im Mikrofichenständer sehr viele Medien repräsentiert und durchsucht werden (Quelle: Citroen Tischständer für Microfiche/Microfilme in Baden ... (o. J.); abgerufen 5. Juni 2020, von https://images. app.go.

Heute spielen Mikroformen in der Wissenschaftskommunikation bis auf die nur so archivierten Inhalte vor allem älterer und seltener Zeitschriften keine aktive Rolle mehr. Mikroformen werden fast ausschließlich nur noch für die langfristige Archivierung von Gesetzen und Regierungsmaterialien eingesetzt, da ihre Haltbarkeit selbst ohne besondere Schutzmaßnahmen auf mindestens 500 Jahre geschätzt wird und sie zudem extrem platzsparend sind.

Die Möglichkeiten, der großen Menge wissenschaftlicher Literatur Herr zu werden, ihre Benutzbarkeit zu optimieren und die Archivierung langfristig platzsparend und unkompliziert vorzunehmen, waren auf der Basis von analogem Material selbst bei allen Versuchen der Verkleinerung beschränkt. Erst die Digitalisierung hat eine qualitative Neuerung in das Management von wissenschaftlicher Literatur gebracht und damit den dritten Paradigmenwechsel der Wissenschaftskommunikation eingeläutet.

Dabei blieb zunächst die Nutzung der Großrechnertechnologie für die Speicherung und Verbreitung von Inhalten der Wissenschaftskommunikation noch ungenutzt. Zu aufwendig und zu teuer waren die Systeme und noch weit entfernt von einer bequemen Benutzbarkeit durch den Endnutzer. Erst die allmähliche Durchdringung des Marktes mit (lokalen) Personal Computern unterstützte auch das Bestreben, Inhalte der Wissenschaftskommunikation in digitaler Form zu verbreiten und zu archivieren.

Den Anfang der digitalen Wissenschaftsinformation machten Datenbanken, deren Betrieb und Management zentral erfolgte und deren Nutzung anfangs über Telefonleitungen und Akustikkoppler funktionierten („Akustikkoppler", 2020). Das waren Abfragen nach bibliographischen Einträgen oder wissenschaftlichen Einzeldaten. Die Nutzung der Datenbanken war kompliziert, basierte auf partikulären Verträgen und war nur durch ausgebildete Suchspezialisten umsetzbar.

Wer eine solche „Datenbankabfrage" machen wollte, musste sich an Recherchespezialisten wenden, die sich damals noch stolz „Informationsbroker" nennen durften.

Eine größere Verbreitung und Durchdringung bei dezentraler Vor-Ort-Nutzung wissenschaftlicher Kommunikationsinhalte war erst der CD-ROM vorbehalten. Mit diesem Medium gelang der Verbreitung gespeicherter digitaler Inhalte der Wissenschaftskommunikation erst ihr Durchbruch. Ähnlich wie bei der Verkleinerung der analogen Medien auf Mikrofilm und Mikrofiche waren auf CD-ROMs zunächst auch erst zusammenfassende (Meta-)Inhalte wie bibliographische Datenbanken und Bibliothekskataloge verfügbar. Im Laufe der Zeit und mit der Akzeptanz des neuen Mediums (und der Verbreitung von entsprechend ausgestatteten Leseplätzen sowie der Fähigkeit, gut mit dieser Technik umgehen zu können) kamen zunehmend auch Nachschlagewerke und andere zusammenfassende Inhalte auf CD-ROM heraus und wurden insbesondere in Bibliotheken zur Verfügung gestellt. Rechner mit CD-ROM-Laufwerken wurden besonders gekennzeichnet und in deren Nutzung vom Bibliothekspersonal eingeführt. Dennoch war auch diese Form der digitalen, dezentralen Organisation und Aufbereitung von Inhalten der Wissenschaftskommunikation recht aufwendig und betreuungsintensiv.

Recht schnell wurden solche „Stand-Alone-Lösungen" durch lokale CD-ROM-Netzwerke abgelöst, einer Übergangstechnologie, in der das dezentrale Inhaltsmedium (die CD-ROM) zentralisiert wurde und ein Zugriff etwa in der ganzen Bibliothek oder sogar im Netz einer Universität möglich war.

Technische Einschränkungen, Grenzen der Performance, die Unmöglichkeit simultaner Zugriffe und die komplizierte Handhabung eines Datenträgers machten zusammen mit Problemen der urheber- und nutzungsrechtlichen Seite das Vorhaben der CD-ROM bei aller Verbesserung gegenüber der analogen Versorgung zu einem passageren Phänomen und noch nicht zum eleganten „Benutzererlebnis".

Trotz alledem waren die digitale Verfügbarkeit und Nutzung von Inhalten, deren bequeme und schnelle Durchsuchbarkeit, Reproduzierbarkeit und beliebige Kopierfähigkeit bei nahezu vernachlässigbaren Kosten ein Einschnitt in Technologie und

Medium der Wissenschaftskommunikation, der zurecht als Paradigmenwechsel bezeichnet werden darf.

Dies alles geschah am Horizont einer aufziehenden Internetwelt, in der die Kommunikation, Verbreitung, Nutzung, Verknüpfung und letztlich auch die Speicherung der Inhalte wissenschaftlicher Erkenntnisse online von zentral vorgehaltenen Serverangeboten und auf der Basis verfügbarer, schneller Netze möglich werden sollte.

## 5.2 Das Internet und die Konsequenzen für die Wissenschaftskommunikation

Wissenschaftsinformationen und deren Kommunikation wurden seit der Mitte der 1990er Jahre auch und zunehmend elektronisch realisiert. Wie im vorangegangenen Kapitel erläutert, waren die Inhalte dabei an konkrete, zentrale digitale Medien gebunden (Diskette, CD-ROM, DVD), in lokalen Datenbanken gespeichert oder über komplizierte Apparate und schwache Telefonleitungen von zentralen Servern abrufbar (Stahl, 2005, S. 39). Der Nutzungskomfort und die Performance dieser Systeme waren dabei nicht vergleichbar mit der Leistung und Qualität heutiger Internetangebote, die durch schnelle Netze und hohe Bandbreiten gekennzeichnet sind.

Erst die Etablierung des Internets und die Durchdringung akademischer Einrichtungen wie Universitäten, Hochschulen und Bibliotheken mit leistungsfähigen Datenleitungen ermöglichten zentralisierte Inhaltsangebote und den dezentralen Zugriff von allen Orten mit verfügbaren (schnellen) Datenleitungen und/oder kabellosen Netzwerken. Damit einher ging eine grundlegende, neue Möglichkeit, wissenschaftliche Inhalte, wie Zeitschriften, Bücher und Konferenzbeiträge, in digitaler Form auf zentralen Plattformen der Verlage anzubieten und den Zugriff über Netzwerke zu ermöglichen. Auch die dazugehörenden Businessmodelle haben sich einem Wandel unterzogen. Der klassische Kauf von physischen Inhalten (gedruckte Werke) oder der Kauf von physischen Datenträgern mit digitalen Inhalten wich einer Lizenzierung von Inhalten mittels Zugriffsrechten auf remote gehaltene digitale Datenbestände. Dabei geriet auch die kaufmännische Frage, ob es sich bei der Lizenzierung von Inhalten (selbst mit vereinbartem Zugriffsrecht auf bisherige Inhalte nach Kündigung eines Vertrags zur Nutzung der Inhalte) um einen Kauf, eine Miete oder ein Leasing handelt, in die Diskussion. Sie war und ist freilich nicht von primärem Interesse und ihre abschließende Klärung ist durch die Wucht des Faktischen der gesamten Onlinewelt verdrängt worden. Dennoch deutet sich bereits hier an, was in der Open-Access-Diskussion ein wichtiges Thema geworden ist: Die Frage nach dem Besitz der Inhalte und Daten und den jeweiligen Eigentums-(Copyright)- und Nutzungsrechten – also der ökonomischen Eigenschaften digitaler Inhalte (Stahl, 2005, S. 45).

Medientheoretisch und medienpraktisch hat die Etablierung des Internets eine nachhaltige und grundlegende Veränderung verursacht. Die digitale Permanenz von Inhalten und Informationen hat die bisherigen Kategorien von Bibliotheken und Verlagswelt bei ihren Produkten weitgehend obsolet werden lassen. So war man beispielsweise bis anhin bei der Produktion einer wissenschaftlichen Zeitschrift darauf angewiesen, dass alle Beiträge beisammen waren (Vollständigkeit aller Einzelbeiträge), um die entsprechende Ausgabe erscheinen lassen zu können. Das galt für gedruckte Zeitschriften ebenso wie für physisch distribuierte, elektronische Zeitschriften etwa auf CD-ROM. In der Permanenz des Internets muss nun kein Verlag mehr warten, bis alle Artikel einer Ausgabe vorliegen, einzelne Artikel können bereits erscheinen, wenn sie durch die Qualitätskontrolle (etwa das Peer Review) gegangen sind und der Editor das Manuskript angenommen hat. Ordnungs- und Strukturkategorien einer Zeitschrift wie Ausgabe, Heft oder Jahrgang sind in der Onlinewelt überflüssig geworden. Und das sowohl auf der Herstellerseite (Verlage) als auch auf der Kundenseite (Bibliothek). Kategorien zur Strukturierung von Informationen, wie sie im vordigitalen Zeitalter wichtig und notwendig waren, sind in der digitalen Permanenz weitestgehend obsolet geworden. Das gilt neben den makrostrukturierenden Aspekten wie Ausgabe, Heft und Jahrgang ebenso wie für andere formale Merkmale der Metadatenstrukturen und ihre Kategorien, auf die Bibliothekare und Verleger bisher großen Wert gelegt haben: Seitenzahl, Umfang, Erscheinungsort etc. All diese formalen Kategorien sind in der Onlinewelt weitgehend überflüssig, dafür braucht es andere, der Digitalität angemessene Kategorien etwa für die Zuordnung von Autor oder Zitatstelle. Noch allerdings werden in Verlagen und Bibliotheken die bisherigen Kategorien der alten Printwelt mit einer erstaunlichen Hartnäckigkeit auch auf digitale Produkte angewandt. Ganz offensichtlich fällt es schwer, hier radikaler zu denken und alte Zöpfe abzuschneiden.

Die Vermittlung der Produkte der Wissenschaftskommunikation auf Verlagsplattformen und der Zugriff auf diese Inhalte über Netze und Datenleitungen von praktisch jedem Ort der Welt stellt für die Verbreitung der Wissenschaftskommunikation eine ganz neue Situation dar. Während sich Verlage, Bibliotheken und die Wissenschaft in den vergangenen zwanzig Jahren schnell auf die Nutzung digitaler Formen von Zeitschriften, Büchern und Datenbanken auf Plattformen eingestellt haben, erlebt die Wissenschaftskommunikation heute die digitale Weiterentwicklung in einem Format, das genuin nur im virtuellen Raum verfügbar ist und bis dahin nicht existierte. Kurze schriftliche und bildliche (Wissenschafts-)Inhalte werden heute auch über Twitter, Facebook, Instagram und andere (soziale) Medien verbreitet und erweitern das Spektrum der Formate der Scholarly Communication deutlich (wir werden darüber noch im Kapitel 6 „Die Zukunft der Wissenschaftskommunikation" sprechen). Gleichzeitig werden neue Wahrnehmungs- und Verwertungsmechanismen durch derartige Formate möglich oder notwendig. Konnte die Wahrnehmung wissenschaftlicher Inhalte bislang nur über die Menge und Qualität der Zitationen gemessen werden, so erlauben nun Hinweise in den sozialen Medien zu den klassischen Formaten wie auch zu der Verbreitung von Inhalten in den Systemen der sozialen Medien selbst eine Wahrnehmungsmessung, die die klassische Zitationsanalyse deutlich erweitert und ergänzt. Altmetrische Verfahren (alternative Metriken) erlauben es zunehmend, die „Aufmerksamkeit" auch in den Kategorien des „Looking good" zu bewerten und nicht mehr nur des „Being good" (Gioia & Corley, 2002). Welche Konsequenzen das haben könnte, sehen wir später.

Während die Nutzung von digitalen Produktions- und Verbreitungsplattformen bekannter Formate wie elektronische Zeitschriften, Bücher und Datenbanken durchaus noch die Notwendigkeit und den Sinn verlegerischer Arbeit verlangt und akzeptiert, sind mit den Möglichkeiten der Digitalität neue Formen der Wissenschaftskommunikation jenseits der klassischen elektronischen Formate, aber auch jenseits der Inhalte in sozialen Medien entstanden:

Die Vorstellung nämlich und die Möglichkeit, wissenschaftliche Inhalte direkt und ohne Nutzung verlegerischer Hilfe und Unterstützung von und für jedermann zu verbreiten. Es war daher nur eine Frage der Zeit, bis man auf die Idee gekommen war, Produktion, Verbreitung und Nutzung von wissenschaftlichen Inhalten vom verlegerischen Prozess abzulösen und selbstständig ins Netz zu stellen. Die Idee des freien Zugangs (im Sinne eines Zugangs ohne Beschränkung jeglicher Art) als Open Access war geboren.

Freilich waren nicht nur die technischen Möglichkeiten Auslöser dieser neuen, unkonventionellen Verbreitungsmethode, sondern auch die Verlage selbst, hatten sie doch durch die massiven Preisanstiege ihrer Produkte aktiv und nicht unwesentlich dazu beigetragen, alternative Publikationsmodelle zu diskutieren, auszuprobieren, schlussendlich einzuführen und gar politisch einzufordern.

## 5.3 Die Zeitschriftenkrise und ihre Bedeutung für die Wissenschaftskommunikation

Wir haben bereits im vergangenen Kapitel erläutert, dass durch die Digitalität eine neue Vorstellung von Qualität entstanden ist, wie Wissenschaftskommunikation stattfinden kann (technische Dimension) oder stattfinden soll (normative Dimension), und dass die Digitalität die bisherigen Strukturierungssysteme, Klassifizierungskategorien, aber auch Businessmodelle prinzipiell in Frage gestellt hat. Neben diesen schon fast paradigmatisch zu nennenden Änderungen der Rahmenbedingungen trat eine immer stärkere Preissteigerung für wissenschaftliche Zeitschriften vor allem und insbesondere im STM-Bereich ein. Zunehmend und nahezu flächendeckend waren wissenschaftliche Bibliotheken nicht mehr in der Lage, ihr bisheriges Zeitschriftenportfolio zu finanzieren, geschweige denn neue Produkte und Zeitschriften zusätzlich zu erwerben. Dabei lagen die aufgerufenen Preissteigerungen keineswegs im Rahmen der üblichen Inflation, sondern deutlich darüber. So mussten Bibliotheken etwa im Jahr 2014 für die Zeitschrift *Tetrahedron* 38 301 Euro pro Jahr zahlen und der Preis der Zeitschrift *Employee relations* des MC.B Verlags stieg von 43 GBP im Jahr 1980 auf 11 209 GBP im Jahr 2013 (EBSCO, 2013).

"Research Libraries and the process of scholarly exchange are under intense pressure. The need to communicate new knowledge, pressures on authors to publish, and commercial publishers seeking increased profits and market shares have created a crisis for the academic community" (Webster, 1991, S. 27).

Diese Dimension hat zu einer massiven Abbestellung von Zeitschriftenpaketen und Bündeln (packages) geführt. Die Versorgung mit wissenschaftlicher Literatur war substanziell gefährdet und dies zu einer Zeit, in der der Zugriff durch die weitgehend elektronisch distribuierten Zeitschrifteninhalte im STM-Segment bequem und barrierefrei (seamless) möglich geworden war. Damit konnten bibliographische Datenbanken zur Suche genutzt und aus diesen direkt (lizensierte) Inhalte aufgerufen werden.

Die Konsequenzen der als „Zeitschriftenkrise"[4] bezeichneten Veränderungen auf dem Markt waren nicht nur die bereits erwähnten Abbestellungen und Bereinigungen der Bestände der Hochschul- und Forschungsbibliotheken im großen Umfang, sondern darüber hinaus auch und gerade vor dem Hintergrund neuer digitaler Möglichkeiten die Entwicklung und Etablierung alternativer Formen und Strukturen von Wissenschaftskommunikation. Auch wenn der erst kurz zurück-

---

4 Vgl. zur Entwicklung des Begriffs u. a.: De Gennaro, 1977, S. 72 und Woodward, 1993, S. 1–22

## 5.3 Die Zeitschriftenkrise

liegende Zeitraum noch keine historische Bewertung zulässt, so ist doch aus dem Abstand von fast drei Jahrzehnten durchaus der Schluss zu ziehen, dass die massiven Preissteigerungen der großen internationalen STM-Verlage die Transformation des Publikationswesens maßgeblich mitverursacht oder zumindest dramatisch beschleunigt haben. Zudem war eine Konzentration insbesondere (aber nicht nur) auf dem internationalen STM-Markt der Verlage zu beobachten. Immer weniger Unternehmen teilten, und teilen, sich eine immer größere Anzahl von Zeitschriftentiteln und Buchserien. 35 % aller wissenschaftlichen Zeitschriftentitel werden bei nur fünf Verlagen verlegt, 67 % aller Titel sind auf Verlage der Top hundert verteilt, während 95 % der Verlage nur ein bis zwei Titel im Programm haben (Schäffler, 2014, S. 422). Wir sprechen hier von einem typischen „long tail business".

Inzwischen dominieren fünf Großverlage das Geschäft mit den Wissenschaftspublikationen. Sie erwirtschafteten zusammen einen Umsatz von rund 60 % Prozent des gesamten STM-Marktes (Wischenbart, 2019). Ohne in die oftmals insinuierte oder auch gelegentlich offen formulierte Kapitalismuskritik weiter Teile der Open-Access-Bewegung einstimmen zu wollen, war die „Gier" nach extremen Gewinnmargen durch maximale Preissteigerungen auf einem engen Oligopol-Markt ohne Substitutionsprodukte im STM-Sektor maßgeblich mitverantwortlich für die Entstehung der Idee einer Transformation des seit Jahrhunderten bewährten Modells der Arbeitsteilung von Wissenschaftlern, Verlagen und Bibliotheken. Zwischenzeitlich – und das werden wir noch bei den aktuellen Entwicklungen sehen – hat sich die internationale Publishingindustrie auch mit der APC-Welt (Article Processing Charge) „angefreundet" und das Geschäftsmodell zu ihren Gunsten umgebaut und ihre strategischen Zentralpositionen wiederbesetzt. Es scheint – und darüber werden wir in den kommenden Kapiteln noch sprechen müssen –, dass die Forderung der Open-Access-Bewegung nach Auflösung von dominierenden Marktpositionen durch die Transformation des Publikationssystems nicht erreicht werden konnte. In der APC-Welt zahlt nicht mehr der Abnehmer der Literatur (etwa wissenschaftliche Bibliotheken), sondern die Autoren beim Einreichen ihrer Beiträge. Verlierer dieser Transformation des Publikationssystems sind vor allem traditionelle kleinere und mittlere Verlage, die im Sog der Open-Access-Umstellung, die inzwischen weitgehend als staatliche, normativ gesetzte und kompromisslose Vorgabe eingeführt ist, in gewaltige existenzielle Notlagen geraten. Dies deshalb, weil auch auf diese kleinen und mittelgroßen Unternehmen die Kategorien und Anforderungen der Open-Access-Normen der internationalen verlegerischen Großindustrie angewandt werden, ohne deren tatsächlichen Rahmenbedingungen vorher ergründet zu haben (Kaier & Lackner, 2019, S. 202; Siebeck, 2014, S 43). Sehr häufig werden dort Inhalte aus dem Bereich der Geistes- und Sozialwissenschaften produziert, oftmals auch noch in gedruckter Form. Das gedruckte Format ist dann der ausdrückliche Wunsch der jeweiligen Fachcommunity und ihrer Autoren, die ein Verlag weder ignorieren noch wegdiskutieren kann. Zudem gelingt es kleineren Unternehmen kaum, ihr Geschäftsmodell kurzfristig auf ein „Author-Pays-Modell" umzustellen und die Verfahren ausschließlich elektronisch abzuwickeln. Die Investitionen in digitale Plattformsysteme sind oft zu groß, als dass sie für eine unklare geschäftliche Zukunft geleistet werden könnten. Neben den massiven Preissteigerungen und den gewaltigen Möglichkeiten des Direct Publishing im Digitalen gibt es weitere Gründe, warum das über viele Jahrhunderte erfolgreiche Verlags- und Publikationsmodell in die Krise geraten ist.

Die Arbeitsbelastung der Wissenschaftlerinnen und Wissenschaftler ist in den letzten Jahrzehnten gewaltig angestiegen. Das hat auch mit der Art und Weise zu tun, wie publiziert wird und welche Beiträge zur Wertschöpfung der Veröffentlichungen geleistet werden. Die öffentliche Hand finanziert in der Regel das bisherige Veröffentlichungssystem gleich dreifach. Die Forschung an öffentlich finanzierten Hochschulen, Universitäten und Forschungseinrichtungen (und das ist die überwiegende Mehrheit) wird durch die staatliche Finanzierung bezahlt. Das gilt nicht nur für die gesamte Infrastruktur, sondern auch für die Wissenschaftlerinnen und Wissenschaftler selbst. Diese liefern mit der kostenlosen Einreichung ihrer Manuskripte die Basis für die Inhalte der Zeitschriften und Bücher. Man kann auch direkter formulieren: Die Autorinnen und Autoren schreiben die Bücher und Zeitschriftenbeiträge als Teil ihrer wissenschaftlichen Tätigkeit und als Ergebnis ihrer Erkenntnisse, die sie aus Forschung und Lehre gewonnen haben. Außerdem arbeiten dieselben Wissenschaftlerinnen und Wissenschaftler im großen Umfange (und mit der zunehmenden Anzahl der Veröffentlichungen weltweit immer mehr) als Gutachter im Peer-Review-Prozess zur Qualitätssicherung und als Editoren von Tausenden von Journalen des Publikationssystems. Auch dafür erhalten sie keine Vergütung von den Verlagen, sondern leisten das im Rahmen ihrer jeweiligen öffentlich finanzierten wissenschaftlichen Tätigkeit. Längst wird über die Struktur und Organisation des Peer-Review-Systems und den kaum mehr zu leistenden Aufwand der Wissenschaftlerinnen und Wissenschaftler diskutiert. Für den Ankauf der fertigen Informationsprodukte (Bücher und Zeitschriften etwa) zahlt dann wiederum die öffentliche Hand, meist durch ihre jeweiligen institutionellen, wissenschaftlichen Bibliotheken.

Diese – oft als Unfairness wahrgenommene – Situation in der Wertschöpfungskette des Publizierens führte ebenso zur Überlegung, das traditionelle Publikationssystem zu überdenken und (zunächst) den freien Zugang zu den Endresultaten der Forschung (den Publikationsergebnissen) zu fordern.

Die formale Open-Access-Bewegung begann mit den Aktivitäten des kanadischen Wissenschaftlers Stevan Harnard, der im Jahre 1994 die Open-Access-Bewegung initiierte und jahrelang durch Forschungen zu Preisentwicklungen, Businessmodellen und Geschäftsgebaren der Verlage, aber auch durch intensive Pressearbeit und Konferenzauftritte die Open-Access-Bewegung international als relevante Reformbewegung etablierte.

## 5.4 Die Open-Access-Bewegung und die Wissenschaftskommunikation

Der Wunsch nach freiem Zugang zu Information ist so alt wie die Menschheitsgeschichte. Schon immer war es ein Privileg der Mächtigen, den Zugang zu Informationen und auch zur Literatur zu begrenzen, zu steuern oder zu selektieren. In den früheren Jahrhunderten war es auf der einen Seite eine reine Machtfrage und die Ausübung von Unterdrückung, auf der anderen Seite aber eine (willkürliche) Steuerung von Privilegien, indem Zugang zu Informationen und Literatur gewährt oder nicht gewährt wurde. Der Zugriff auf Literatur erfolgte meist über die Nutzungsmöglichkeiten einer häufig privaten, zumindest nicht immer öffentlichen Bibliothek. Denn dort waren die allermeisten Wissensschätze, und damit philosophisch, religiös oder politisch erwünschte oder unerwünschte Inhalte, vorhanden. Wer also über die Zugänglichkeit oder Nicht-Zugänglichkeit zu diesen Literatur- und Informationsressourcen entschied, verfügte über eine ganz zentrale Macht. In Ecos Roman „Der Name der Rose", eindrücklich verfilmt mit Sean Connery in der Hauptrolle, ist der Verschluss von unliebsamer Literatur (und damit von Weltanschauungen oder religiösen Meinungen) in einer Bibliothek vor der Allgemeinheit oder den interessierten Wissenschaftlern das zentrale Sujet von Macht und Kontrolle. Wer den Zugang zu Literatur und Information kontrollierte, der bestimmte auch über jene Inhalte, die den Interessierten zugänglich oder nicht zugänglich waren. Der freie Zugang zu Büchern, Literatur und Informationen ist deshalb ein grundlegender Ausdruck von (demokratischer) Freiheit und weltanschaulicher, religiöser, politischer oder wissenschaftlicher Offenheit. Nur wer bereit ist, den Zugang zu Meinungen aller Art zuzulassen und sich damit auch Kritik und Gegenargumenten aussetzt, verfügt über jene demokratische Größe, die auch im 21. Jahrhundert längst nicht in allen Ländern und Gesellschaftssystemen zu finden ist.

In den (zumeist) demokratischen Ländern Mitteleuropas ist die Meinungsvielfalt und die damit eingehende Möglichkeit, das Recht, verschiedenste Argumente nicht nur wahr- und zur Kenntnis zu nehmen, sondern auch zu äußern und zu diskutieren, Kennzeichen demokratischer Freiheit und unveräußerlicher Grundrechte. Insofern ist die Diskussion von und um Open Access als Wunsch nach freiem, kostenlosen Zugang zu wissenschaftlichen Erkenntnissen und Veröffentlichungen nicht gleichbedeutend mit dem Wunsch nach freiem Zugang zu Literatur, Information, Gedanken und Argumenten auf der Basis demokratischer Meinungsfreiheit, wie sie in demokratischen Gesellschaften als Grundpfeiler der Bürgerrechte gewährt wird. Meinungsfreiheit wird vor allem durch freie Medien gewährleistet, der Zugang zu wissenschaftlichen Erkenntnissen dagegen vor allem über die Veröffentlichung von Inhalten, Informationen, Meinungen und Erkenntnissen in Büchern, Zeitschriften, Konferenzbänden, Internetbeiträgen etc. Der Großteil dieser (publizierten) Informationen, Meinungen und Erkenntnisse ist dabei über (wissenschaftliche) Bibliotheken verfügbar. Der Wunsch nach Open Access könnte also rein formal sehr leicht entkräftet werden mit dem Hinweis, dass es in einer demokratischen Gesellschaft keinen „Closed Access" gebe. Diese rein formale Argumentation ist zwar richtig, denn die Verfügbarkeit und Zugänglichkeit von Erkenntnissen und Informationen ist in demokratischen Gesellschaften gegeben und wird unter anderem gerade durch Einrichtungen wie Bibliotheken und Informationszentren gewährleistet. Doch dieser formale Einwand als Entkräftung des Wunschs nach Open Access greift zu kurz.

Wie bereits in den vorhergehenden Kapiteln ausgeführt, hat sich in Folge der Explosion der Wissenschaften und der massenhaften Zunahme der Publikationen im Laufe des 19. Jahrhunderts für die Verbreitung der wissenschaftlichen Erkenntnisse, Argumente, Ideen und Meinungen eine breitflächige sinnvolle Arbeitsteilung zwischen allen Beteiligten ergeben. Abnehmer dieser wissenschaftlichen „Erkenntnisprodukte" waren über viele Jahrhunderte im Wesentlichen wissenschaftliche Bibliotheken und Einrichtungen, die forschende Industrie und einige interessierte Privatpersonen und Einrichtungen.

Über eine sehr lange Zeit hinweg funktionierte dieses System erfolgreich und war der zentrale Mechanismus für die Verbreitung und den Austausch von Erkenntnissen. Damit waren praktisch alle Veröffentlichungen in den wissenschaftlichen Bibliotheken verfügbar. Da die Inhalte über die Verlage von den Bibliotheken gekauft wurden, war auch die (unbefristete) Archivierung der (Papier-)Publikationen gesichert.

Erst mit der weiteren Expansion von Wissenschaft und Forschung, der erneuten, jetzt nahezu exponentiellen Zunahme des Publikationsoutputs sowie insbesondere durch das Entstehen der Digitalität und des damit einhergehenden Paradigmenwechsels in der Medienform für die Verbreitung wissenschaftlicher Erkenntnisse begann ein intensives Nachdenken über die bisherige Arbeitsteilung zwischen Wissenschaft, Verlagen und Bibliotheken.

Mit der Zeitschriftenkrise entstanden erste Forderungen nach Open Access, also dem freien Zugang zu wissenschaftlicher Literatur und Information. Anders als in vordemokratischen Zeiten meinte diese Forderung nicht den generellen Wunsch nach Zugänglichkeit von Argumenten oder die Kritik am Verschluss von Inhalten durch Machthaber. Sondern es war die Idee, dass wissenschaftliche Inhalte, die durch Wissenschaftlerinnen und Wissenschaftler öffentlicher Forschungs- und Lehrstätten erarbeitet werden, jenseits ökonomischer Bezahlschranken für die Allgemeinheit verfügbar sein müssten. Gleichzeitig kann man jedoch auch beklagen, dass durch die hohen Preise und die damit einhergehende Verknappung in der Verfügbarkeit und Zugänglichkeit wissenschaftlicher Inhalte das demokratische Prinzip des freien Zugangs zu Erkenntnissen und Meinungen eingeschränkt oder gefährdet sei.

Dennoch ist die Open-Access-Bewegung keine Bewegung, die mehr demokratische Zugangsrechte einfordert, sondern eine Initiative, die den Zugriff auf wissenschaftliche (digitale) Informationen unabhängig von der Finanzkraft von Einrichtungen (Bibliotheken, Hochschulen) und Ländern einfordert. Sie sieht wissenschaftliche Veröffentlichungen als eine Art "Allgemeingut" oder „Allmende" an, insbesondere dann, wenn sie von öffentlich finanzierten Wissenschaftlern erarbeitet worden sind (Mruck, Gradmann, & Mey, 2004).

Eine wichtige Argumentation bezieht sich dabei auf die Tatsache, dass Wissenschaftlerinnen und Wissenschaftler im Wesentlichen mithilfe öffentlicher Mittel Forschung betreiben und Erkenntnisse generieren, die dann im privatwirtschaftlichen System der Verlage, Agenturen und Händler wieder zu hohen Preisen an die Bibliotheken und Hochschulen und damit erneut an Einrichtungen der öffentlichen Hand zurückverkauft werden.

Die Open-Access-Diskussion geriet deshalb sehr schnell in eine politisch und weltanschaulich geprägte Auseinandersetzung hinein. Heute stellt das Thema der Zugänglichkeit zu wissenschaftlicher Information und Literatur für nicht wenige der Beteiligten eine Art Stellvertreterkrieg für politisch-ideologische Weltanschauungen dar (Kapitalismuskritik), die teilweise weit über die Sachebene hinausreicht.

Das nächste Kapitel zeichnet die Geschichte der Open-Access-Bewegung nach, im darauffolgenden Kapitel wird der Beginn der konkreten Umsetzung der Open-Access-Bewegung, nämlich die ersten Open-Access-Zeitschriften und ihre Genese, ausgeführt.

## 5.5 Eine kurze Geschichte von Open Access

In einem relativ kurzen Zeitraum hat sich die Open-Access-Diskussion von einer Idee zu einer ernst zu nehmenden und zukunftsträchtigen Bewegung zur Transformation des wissenschaftlichen Publikationswesens entwickelt. Prinzipiell ist die

Entwicklung von Open Access sehr eng mit der Entwicklung von elektronischen Zeitschriften und der Digitalität insgesamt verknüpft, ähnlich wie die Open-Source-Bewegung mit dem wirtschaftlichen Aufschwung der Software- und Informationsbranche Hand in Hand ging.

Frühe Anfänge der Idee des freien Zugangs gibt es freilich seit langer Zeit, wenn auch noch nicht mit den zeitgenössischen Attributen, wie wir sie heute kennen. Über historische Ursprünge gibt es eine ganze Reihe von Büchern, Gedanken und Bewegungen, die eine Art Vorläufer der heutigen Open-Access-Idee darstellen. John Willinsky geht in seinem Buch *The Access Principle: the case for open access to research and scholarship* (2006) sogar bis in das 3. Jahrhundert v. Chr. zurück. Er sieht die Bibliothek von Alexandria als einen solchen Vorläufer für den Wunsch nach freiem Zugang zu Information und Literatur an. (In diesem Verständnis habe ich im vorigen Kapitel Bibliotheken generell als potenzielle OA-Einrichtungen benannt).

Nicht ganz so weit reichen die Anfänge von OA auf der Timeline des Open Access Direcory (OAD) („Timeline – Open Access Directory", o. J.). Sie wurde vom führenden OA-Pionier Peter Suber unter dem Namen „Timeline of the Open Access Movement" begründet und 2009 zum OAD transferiert. Suber ist Professor für Philosophie und zählt zu den führenden und einflussreichsten Vertretern der Open-Access-Bewegung. Auf dieser Seite findet man eine umfangreiche Liste mit Meilensteinen und wichtigen Ereignissen der OA-Bewegung, die den Zeitraum von 1966 bis 2008 umfassen. Nach Suber beginnt demnach die Open-Access-Zeitrechnung mit dem Jahr 1966. Er macht den Beginn daran fest, dass in diesem Jahr die Datenbanken „ERIC" (Educational Resources Information Center) und „Medline" online gingen. Allerdings waren beide Datenbanken, wenngleich auch sehr frühe Beispiele von online Information, kostenpflichtig und deshalb weit weg vom eigentlichen Open-Access-Gedanken. Erst ab dem Jahr 1997 liefert „Medline" seine Inhalte kostenfrei und stellt damit einen wichtigen Meilenstein für die OA-Bewegung dar. 1997 wurde „Medline" neu strukturiert und firmiert seitdem unter dem Namen „PubMed". Diese Datenbank ist heute tatsächlich für alle frei zugänglich (PubMed Help, 2005).

Schon recht früh zu Beginn der 1970er Jahre startet ein Projekt, das weniger aktuelle wissenschaftliche Literatur online publiziert, sondern digitalisierte Inhalte urheberrechtsfreier klassischer Werke in Form von PDF-Dateien frei zur Verfügung stellt. Am 4. Juli 1971 wird das Projekt „Gutenberg" initiiert („Project Gutenberg", o. J.). Diese digitale Bibliothek bietet Zugang zu vielen klassischen, urheberrechtsfreien Werken in Form von PDF-Dateien.

Kaum zehn Jahre später begründet der Programmierer Richard Stallman 1983 das Projekt „GNU" (es handelt sich bei der Bezeichnung um ein rekursives Akronym, „GNU's Not Unix"). Kern dieses Projekts ist die Entwicklung der GNU-Lizenz für freie Dokumentationen („GNU Free Documentation License", GNU FDL oder GFDL). Es handelt sich hierbei um eine Copyleft-Lizenz,[5] die ursprünglich für Software gedacht war, die aber auch für andere freie Inhalte verwendet werden kann („gnu.org", o. J.). Am 12. September 1999 stellte Stallman die erste Version (0.9) der sogenannten GNU Free Documentation License zur Diskussion. Die erste offizielle Version der von der Free Software Foundation (FSF) herausgegebenen Lizenz erschien im März des Jahres 2000. Die GNU-Lizenz erlaubt die Vervielfältigung, Verbreitung und Veränderung eines Werkes. Dies gilt auch für kommerzielle Anwendungen. Der Lizenznehmer muss dafür nur die Lizenzbedingungen einhalten. Zu diesen gehören etwa die Pflicht zur Nennung des Autors oder der Autoren. Ebenso muss der Lizenznehmer ein verändertes Werk unter die gleiche Lizenz stellen. Die Grundideen dieser Lizenz sind die Ermöglichung der freien Nutzung von Inhalten, der Wiederverwertung und der weiteren Erkenntnisgewinnung durch freie Inhalte. Sie bestehen im Unterschied zum Copyright nicht in der Beschränkung des „Rechtes" eines Autors („Right"), sondern in einem positiv formulierten „Geben" des Autors („Left"). Damit ist Stallman einer der Ersten, die die multiple Wiederverwertung von Inhalten und das Reassembling vorhersehen und damit die Idee der „Sharing Economy", die freilich erst Jahrzehnte später im Gefolge der sozialen Medien realisiert und auch das Thema der Wissenschaftskommunikation betreffen wird, vorwegnehmen.

Elektronische Zeitschriften gelten heute als Cash-Cow der Wissenschaftsverlage, denn der Aufwand ihrer Produktion ist überschaubar und die Menge der Zeitschriftentitel durch Plattformtechnologie leicht skalierbar. Das war nicht immer so. Mit dem Beginn der 1990er Jahre erschienen die ersten vollständig online erreichbaren wissenschaftlichen Zeitschriften. Sie waren allesamt keine Profit-Zeitschriften, sondern erschienen im Open-Access-Modus und wurden von öffentlichen Institutionen herausgegeben. Zu einer Zeit, als das WWW noch nicht erfunden war, entstanden etwa im Jahr 1990 die Magazine *Bryn Mawr Classical Review, Postmodern Culture* und *Psychology*. Die Zeitschrift *Postmodern Culture*, deren erste Ausgabe auf September 1990 datiert ist, nutzte dabei erstmals die Lieferung von Inhalten über das Internet („Project Muse", o. J.).

---

5  Gemäß Ausführungen auf der Wikipedia ist „[das] Copyleft (…) eine Klausel in urheberrechtlichen Nutzungslizenzen, die dem Lizenznehmer die Pflicht auferlegt, jegliche Bearbeitung des Werks (z. B. Erweiterung, Veränderung) unter die Lizenz des ursprünglichen Werks zu stellen, obwohl der Bearbeiter eigentlich das Recht hätte, irgendeine andere Lizenz für seine Bearbeitung zu wählen. Die Copyleft-Klausel soll verhindern, dass veränderte Fassungen des Werks mit Nutzungseinschränkungen weitergegeben werden, die das Original nicht hat. Das Copyleft setzt voraus, dass Vervielfältigungen und Bearbeitungen in irgendeiner Weise erlaubt sind" („Copyleft", 2020).

Die Zeitschrift *Psychology* ging 1989 aus dem elektronisch publizierten *Psychology Newsletter* hervor. Verbreitet wurde sie in zwei verschiedenen Versionen über das damals sogenannte Usenet und Bitnet, zwei Internetdienste vor der Entwicklung des WWW. Kennzeichen dieser Zeitschrift waren die Funktionen des „Scholarly Skywriting" (Harnad, 1990) sowie des „Open Peer Commentary". Forscher konnten in dieser Zeitschrift Berichte und Arbeitsergebnisse schnell online veröffentlichen, da ein abgekürztes Peer-Review-Verfahren zum Einsatz kam. Ebenso konnten die Wissenschaftler unverzüglich Rückmeldungen zu ihren Arbeiten über die Kommentierungsmöglichkeiten durch ihre Kollegen erhalten. Damit hat das Journal die Idee des „Scholarly Skywriting" und seiner Funktionen, die wir heute im Rahmen der Diskussion über Open-Peer-Review führen, bereits im Jahre 1989 umgesetzt.

Im Oktober und November des Jahres 1990 wurden die Grundlagen für das WWW, wie wir es heute kennen, durch den CERN-Mitarbeiter Tim Berners-Lee gelegt. Am 13. November 1990 geht die erste Webseite der Welt online (dpa, 2019). Damit erst war die Voraussetzung für eine massenhafte Verbreitung und Nutzung elektronischer Publikationen und Datenbanken gegeben.

Neben den technischen Voraussetzungen für die Vernetzungsfunktionen gilt die schon früh entstandene Kultur der Preprints als wichtiger Kristallisationspunkt für die Open-Access-Bewegung. Die frühe Umsetzung der Preprint-Kultur unter Wissenschaftlern war der analoge Vorabaustausch und die gegenseitige Kommentierung von eingereichten Fachartikeln über den Postweg. Später erfolgte dieser Austausch über einschlägige Online-Netzwerke und Mailinglisten. Mit diesem Vorgehen sollte der wissenschaftliche Austausch und die inhaltliche Optimierung beschleunigt werden. Viele Autoren verbinden daher den inoffiziellen Beginn der OA-Bewegung mit dem Jahr 1991. Im August dieses Jahres nämlich hatte der Physiker Paul Ginsparg vom Los Alamos National Laboratory in New Mexico einen öffentlich nutzbaren Preprint-Server für physikalische Forschungsberichte online gestellt.[6] Seit 1998 ist dieser Dienst unter der Bezeichnung „arXiv" („arXiv.org e-Print archive", o. J.) weltweit bekannt und bietet mittlerweile über 1,3 Millionen elektronische Beiträge an, die alle open access verfügbar sind. Dieser Preprint-Server war zunächst den Disziplinen der Hochenergiephysik vorbehalten. Inzwischen ist der Dienst auch auf andere Disziplinen ausgeweitet worden, so etwa für die Fachgebiete Mathematik, Informatik, Wirtschaftswissenschaften und andere.

Bereits zu Beginn der 1990er Jahre setzte man in Großbritannien auf zentrale Strukturen zur Einführung, Organisation und Durchsetzung der digitalen Infrastruktur in Wissenschaft, Forschung und Lehre. So wurde im Jahr 1993 das Joint

---

6   Der Server http://xxx.lanl.gov/ ist aktuell (Juni 2020) nicht erreichbar

## 5.5 Eine kurze Geschichte von Open Access

Information Systems Committee (JISC) gegründet, um die digitale Infrastruktur im Hochschulbereich in Großbritannien zu fördern („Jisc", o. J.). Auch in verschiedenen Fachdisziplinen, insbesondere in den Naturwissenschaften, starten zu Beginn der 1990er Jahre eine Vielzahl von Digitalisierungsprojekten mit dem Ziel, den wissenschaftlichen Austausch und den freien Transfer von Publikationen zwischen den Forscherinnen und Forschern weltweit im eigenen Fachgebiet zu unterstützen. So eröffnete 1994 das Human Genome Project (HGP) seine Open-Access-Webseite. Die Ursprünge dieses Forschungsprojekts liegen jedoch viel weiter zurück. Offizieller Start war Oktober 1990, wobei das erste amerikanische Genomprojekt schon 1946 lanciert wurden, freilich noch ohne die Funktionen eines digitalen Austauschs und Abgleichs („Human Genome Project Timeline", o. J.). Ziel des HGPs war die weltweite Koordination der Erforschung des menschlichen Genoms, um damit schneller an Ergebnisse, insbesondere für die medizinische Anwendung, zu gelangen. Die frühen digitalen Möglichkeiten der 1990er Jahre boten sich da geradezu an. Dass die Ergebnisse dieses Projekts nicht kommerziell verwertet wurden, sondern auf einer Open-Access-Plattform zur Verfügung stehen, gilt auch im Sinne der Open-Access-Bewegung als besonders relevant.

All diese digitalen Initiativen sind wichtige Vorläufer der umfassenden Open-Access-Bewegung, die sich in den darauffolgenden Jahren entwickelt hat. Die Dienste und Services enthalten zu dieser Zeit aber weder die heute erwarteten Funktionalitäten von Open Access, noch erfüllen sie die umfassenden Forderungen von Open Access, wie wir sie heute kennen und diskutieren.

Neben Initiativen, Projekten und einigen herausragenden Einzelpersonen waren es vor allem drei große Konferenzen zu Beginn des 21. Jahrhunderts, die der Open-Access-Bewegung nicht nur zu einer Institutionalisierung verholfen haben, sondern zugleich auch maßgebend waren bei der Begriffsdefinition und der Fixierung der Erwartungen und Forderungen beim Umbau des Publikationssystems.

Im Dezember des Jahres 2001 wurde durch das Open Society Institute die Konferenz „Free Online Scholarship" in Budapest organisiert. Diese Konferenz, und die daraus resultierende „Budapest Open Access Initiative" (BOAI), die zugleich auf einer Grundsatzerklärung basiert („Budapester Erklärung"), gilt auch als Namensgeber von Open Access (Deppe & Beucke, 2018, S. 14). Die Initiatoren und Teilnehmer dieser Veranstaltung nämlich haben den Ausdruck „Open Access" erstmalig auf einen freien Zugang zu wissenschaftlicher Literatur bezogen. Die Initiative erarbeitete eine Reihe von Empfehlungen für den uneingeschränkten und freien Zugang zu wissenschaftlicher Forschung. Die teilnehmenden dreizehn Wissenschaftler (darunter Stevan Harnad und Peter Suber) wollten zudem mit dieser Initiative die bereits im Vorfeld bestehenden Open-Access-Initiativen bündeln. Die im Februar 2002 herausgegebene Budapester Erklärung legte deshalb die bis heute gültige Definition und Grundlage für OA fest:

> „Open Access meint, dass [= Peer-Review-Fachliteratur] kostenfrei und öffentlich im Internet zugänglich sein sollte, sodass Interessenten die Volltexte lesen, herunterladen, kopieren, verteilen, drucken, in ihnen suchen, auf sie verweisen und sie auch sonst auf jede denkbare legale Weise benutzen können, ohne finanzielle, gesetzliche oder technische Barrieren jenseits von denen, die mit dem Internet-Zugang selbst verbunden sind. In allen Fragen des Wiederabdrucks und der Verteilung und in allen Fragen des Copyrights überhaupt sollte die einzige Einschränkung darin bestehen, den Autoren Kontrolle über ihre Arbeit zu belassen und deren Recht zu sichern, dass ihre Arbeit angemessen anerkannt und zitiert wird" („Budapest Open Access Initiative | German Translation", o. J.).

Inzwischen existieren zahlreiche weitere Definitionen des Begriffs „Open Access", die von verschiedenen Gruppen formuliert worden sind, so bspw. Anderson (2017) sowie Taubert, Hobert, Fraser, Jahn & Iravani (2019). Erklärtes Ziel der Budapester Initiative war es, den freien Zugang für bereits begutachteter Zeitschriftenliteratur zu erreichen. Dazu wurden vom BOAI zwei im Prinzip noch heute geltende Wege vorgeschlagen: erstens die Selbstarchivierung (das, was heute als „Grüner Weg" des Open Access bezeichnet wird) und zweitens eine neue Generation von Open-Access-Zeitschriften (entspricht etwa dem heutigen „Goldenen Weg") („Budapest Open Access Initiative | German Translation", o. J.).

Die zweite wichtige Konferenz in diesem Kontext fand am 11. April 2003 statt. Während dieses eintägigen Treffens am Hauptsitz des Howard Hughes Medical Institute in Chevy Chase (Maryland, USA) wurde die (später sogenannte) „Bethesda Erklärung" erarbeitet („Bethesda Statement on Open Access Publishing", 2003), die die in der BOAI genannten Ziele weiter vertieft:[7]

> "1. The author(s) and copyright holder(s) grant(s) to all users a free, irrevocable, worldwide, perpetual right of access to, and a license to copy, use, distribute, transmit and display the work publicly and to make and distribute derivative works, in any digital medium for any responsible purpose, subject to proper attribution of authorship, as well as the right to make small numbers of printed copies for their personal use.
> 2. A complete version of the work and all supplemental materials, including a copy of the permission as stated above, in a suitable standard electronic format is deposited immediately upon initial publication in at least one online repository that

---

7 Besonders anzumerken ist hierbei, dass sich die Bethesda Erklärung für Open Access in erster Linie auf wissenschaftliche Zeitschriftenliteratur bezieht. Das heutige Verständnis von OA ist viel weitgehender und bezieht prinzipiell alle Arten und Formen von wissenschaftlicher Literatur in die Forderungen mit ein.

## 5.5 Eine kurze Geschichte von Open Access

is supported by an academic institution, scholarly society, government agency, or other well-established organization that seeks to enable open access, unrestricted distribution, interoperability, and long-term archiving (for the biomedical sciences, PubMed Central is such a repository)" („Bethesda Statement on Open Access Publishing: Definition", 2003)"

Eine dritte wichtige Konferenz fand im Oktober 2003 unter der Federführung der Max-Planck-Gesellschaft statt. Sie brachte das Thema Open Access einerseits nach Deutschland und erweiterte andererseits den Fokus auf ganz neue Wege der Wissenschaftskommunikation. Im Rahmen der „Berlin Declaration" wird die Definition von Open Access in der Wissenschaft etwa noch um das Thema „Daten" und andere Quellenmaterialien erweitert („Berliner Erklärung", 2003).

Die am 22. Oktober resultierende „Berliner Erklärung" über den offenen Zugang zu wissenschaftlichem Wissen (Berlin Declaration on Open Access to Knowledge in the Sciences and Humanities) ging damit noch einen Schritt über die Forderungen der BOAI und der Bethesda Erklärung hinaus. So wird dort die Nutzung des Potenzials des Internets zur umfassenden Verbreitung und Zugänglichkeit von wissenschaftlichen Informationen propagiert. Damit sind aber nicht allein die Resultate einer wissenschaftlichen Forschungsarbeit gemeint, sondern auch die dazugehörigen Forschungs- und Metadaten: „Raw data and metadata, source materials, digital representations of pictoral and graphical materials and scholarly multimedia material" („Berliner Erklärung", 2003).

Dies hat aber weitreichende Folgen für das wissenschaftliche Publikationswesen und das System der Qualitätssicherung. Entsprechend wird in der Erklärung gefordert, dass Autoren allen Nutzern das freie und weltweit geltende Zugangsrecht zu ihren Veröffentlichungen gewähren sollen. Hochschulen und wissenschaftliche Forschungseinrichtungen haben die Verbreitung von Open Access zu fördern, indem sie ihre Wissenschaftler ausdrücklich auffordern, in Open-Access-Zeitschriften zu veröffentlichen. Die Berliner Erklärung wurde ursprünglich von 19 Teilnehmern unterzeichnet. Inzwischen haben mehr als 600 internationale Institutionen und Personen diese Selbstverpflichtung unterschrieben („Signatoren der Berliner Erklärung", o.J.).

Die Kernaussagen dieser Konferenzen und ihrer Deklarationen lassen sich so zusammenfassen:

- Die Nutzung der Informationen ist für Leser und Nutzer kostenlos.
- Der Zugang erfolgt ohne sonstige Beschränkungen, etwa Copyright- oder Digital-Rights-Management-Einschränkungen.
- Die Texte und Inhalte, die open access zur Verfügung stehen, dürfen auf legale Weise heruntergeladen und genutzt werden.

- Die Wiederverwendung der Inhalte ist gestattet unter Berücksichtigung der Autorenrechte und der Zitierung der Quellen.
- Die Produktion und Nutzung der Information erfolgen elektronisch. Freier Zugang zu gedruckten Medien ist nicht Gegenstand der Open-Access-Diskussion.

Neben Initiativen, Gremien und Konferenzen waren es auch Einzelpersonen, die sich aktiv um die Open-Access-Bewegung verdient gemacht haben. Einige davon werden nachfolgend vorgestellt.

### Stevan Harnad: Ein Aktivist

Erst der radikale Open-Access-Verfechter Stevan Harnad forderte am 27. Juni 1994 in seinem Internetposting *„Subversive Proposal"*, das anschließend in einer Fachzeitschrift publiziert wurde (Harnad, 1995, S. 20), zum ersten Mal das Prinzip der Selbstarchivierung von wissenschaftlichen Publikationen. Damit legt Stevan Harnad, aktuell Professor an der Universität Southampton und an der Université du Québec à Montréal (University of Southampton, o. J.), den Grundstein für das, was man heute als den „Grünen Weg" des Open Access bezeichnet, also die Parallel- oder Zweitveröffentlichung eines Forschungsbeitrags etwa auf einem universitätseigenen Dokumentenserver (Institutionelles Repositorium) oder einem disziplinenspezifischen Server (Fach-Repositorium). Harnad wird sich auch in den Folgejahren durch zahlreiche, teilweise provokativ formulierte Veröffentlichungen und Aktivitäten zum Thema Open Access zu einer der bedeutendsten Figuren für die Entstehung und Etablierung der OA-Bewegung entwickeln. Der britische Journalist Richard Poynder bezeichnet ihn daher als den „Chief Architect of Open Access" (Poynder 2004, S. 22).

Bereits zu Beginn der 2000er Jahre begann die wissenschaftshistorische Aufarbeitung der Open-Access-Bewegung und ihrer Erfolge. So hat Crawford im Jahr 2001 die OA-Landschaft für das Jahr 1995 untersucht und analysiert (Crawford, 2002). Anhand von Daten der Association of Research Libraries (ARL) ergab diese Studie, dass bereits im Jahr 1995 86 Zeitschriften existierten, die den Kriterien einer freien, begutachteten und wissenschaftlichen Publikation entsprachen.

### Alison Wells

Wurden 1995 erst rund 86 wissenschaftliche Open-Access-Zeitschriften veröffentlicht, waren es drei Jahre später im Jahr 1998 bereits weit über 300. Wells, heute tätig als Data Engineerin (DataPubs, o. J.), stellte in ihrer Qualifikationsarbeit zum Abschluss des MSc in Data Management für das Jahr 1998 eine Liste von wissenschaftlichen Open-Access-Zeitschriften zusammen, indem sie Daten aus mehreren E-Journal-Listen kombinierte und anschließend die gefundenen Zeitschriften durch den Besuch der dazu gehörigen Websites überprüft hatte (Wells, 1999). Das Endergebnis, basierend auf den 1998 gesammelten Informationen, war eine Liste von 387 Open-Access-Zeitschriften, die durchschnittlich 18 Artikel pro Jahr veröffentlichten.

**Stefano Ghirlanda**

Im gleichen Jahr begründete Stefano Ghirlanda, ursprünglich Physiker und heute Professor für Psychologie („Drghirlanda", o. J.), die „Campaign for the Freedom of Distribution of Scientific Work", die auch als „Free Science Campaign" bezeichnet wurde (Ghirlanda, 1998). Mit dieser Kampagne sollte bereits im Jahr 1998 Druck auf die Verlage ausgeübt werden, damit diese eine wissenschaftsfreundlichere Urheberrechtspolitik betreiben. Sie gilt damit als eine der ersten Open-Access-Forderung, die sich konkret an Verlage richtete. Im Nachgang dieser Initiative entstand das „American Scientist Open Access Forum" (AmSci). Es war das weltweit erste Open-Access-Forum überhaupt und ging am 25. August 1998, damals noch unter dem Namen „The September 98 Forum", an den Start. Es hatte immerhin 13 Jahre lang Bestand. Der offizielle Nachfolger des AmSci-Forums ist die Mailingliste Global Open Access List (GOAL) („GOAL Info Page", o. J.).

**John Willinsky**

Im Jahre 1998 wurde an der erziehungswissenschaftlichen Fakultät der University of British Columbia Vancouver, Kanada, von John Willinsky – Autor, Dozent und Professor an der Stanford University (Stanford University, 2015) – das Public Knowledge Project (PKP), gegründet („Public Knowledge Project", o. J.). Beim PKP handelt es sich um eine Forschungs- und Softwareentwicklungsinitiative. Man kann es als eine Open-Access-Paketlösung ansehen, da es aus verschiedenen Modulen bestand, die alle unterschiedliche Open-Access-Aspekte umfassten. Im Einzelnen sind es vier wichtige, miteinander verknüpfte Open-Source-Anwendungen: Open Journal Systems (OJS), Open Conference Systems (OCS), Open Harvester Systems sowie die webbasierte Anwendung Lemon8-XML. Beim OJS handelt es sich um ein Management-System für wissenschaftliche Zeitschriften. Damit sollte der gesamte Workflow abgedeckt werden, d. h. von der Online-Einreichung durch die Autoren über die Begutachtung mittels Peer-Review-Verfahren bis zur Abwicklung der Lizensierung oder des Abonnements von Zeitschriften. Das OCS sollte hingegen bei der Organisation von Konferenzen unterstützen. Hier werden durch eine zur Verfügung gestellte Website alle notwendigen Arbeitsschritte von der Planung bis zur Durchführung einer Konferenz abgedeckt. Auch ein Call-for-Paper und das

Verlegen eines Konferenzberichts sind vorgesehen. 2001 wurde die erste Software fertig gestellt. Beim Open Harvester System handelt es sich um ein freies Metadaten-Indexierungssystem, während Lemon8-XML es auch den nicht-technischen Redakteuren und Autoren erleichtern soll, wissenschaftliche Arbeiten aus typischen Textverarbeitungsprogrammen wie Microsoft Word in strukturierte Layout-Formate zu konvertieren.

Damit hatte John Willinsky eine Art „All-Inclusvie-Paket" für die Wissenschaftskommunikation auf die Beine gestellt und als Open-Access-System für jedermann verfügbar gemacht. Es ist allerdings typisch für solche Einzelinitiativen, dass sie sich nicht flächendeckend durchsetzen und zum akzeptierten Standard werden, sondern trotz sinnvoller Funktionen und freier, d. h. kostenloser Verfügbarkeit nur ein (zeitlich und räumlich begrenztes) Nischendasein fristen.

## 5.6 Die ersten Open-Access-Zeitschriften

Mit der Jahrtausendwende entstehen die ersten kommerziellen OA-Zeitschriften. So wurde im Jahr 2000 der wissenschaftliche Zeitschriftenverlag BioMed Central (BMC) gegründet, der sich über Article Processing Charges (APCs) finanziert. Dieser britische Verlag publiziert derzeit über 290 begutachtete Open-Access-Zeitschriften mit Schwerpunkt auf den Fachgebieten Biologie und Medizin. Damit ist er nicht nur einer der weltweit größten OA-Verlage, sondern er gilt gleichzeitig auch als erster kommerzieller Open-Access-Verlag der Welt. Im Oktober 2008 wurde BMC dann von der damaligen Verlagsgruppe Springer Science+Business Media (heute Springer Nature) aufgekauft und übernommen („Springer to Acquire BioMed Central Group", o. J.).

Zu den frühen OA-Verlagen zählt auch die im Oktober 2000 gegründete Public Library of Science (PloS), wenngleich der offizielle Start mit Anfang 2001 angegeben wird. Hierbei handelte es sich zunächst um eine Initiative („The PLOS Open Access Initiative") der drei Gründer Harold Varmus, Patrick Brown und Michael Eisen (Brown, Eisen & Varmus, 2003), die mit einem offenen Brief an die Wissenschaftsgemeinschaft Forscher aus der ganzen Welt aufriefen, die Initiative durch ihre Unterschriften zu unterstützen. Wissenschaftler sollten sich dazu verpflichten, „publish in, edit or review for, and personally subscribe to, only those scholarly and scientific journals that have agreed to grant unrestricted free distribution rights" (Kutz, 2002). Fast 34 000 Wissenschaftler aus 180 Ländern folgten dieser Aufforderung und unterzeichneten den Aufruf. Allerdings schlossen sich dieser Initiative nur eine Handvoll wissenschaftlicher Verlage an. Und wie viele ähnliche

## 5.6 Die ersten Open-Access-Zeitschriften

Initiativen später auch endete die ursprüngliche Begeisterung für Open Access in der Einsicht, dass professionelles Publizieren nicht ausschließlich in den wenigen, noch nicht wirklich etablierten Systemen funktionieren konnte. Ein Großteil der Unterzeichnenden haben denn auch weiterhin in den etablierten, Nicht-Open-Access-Journalen veröffentlicht.

Aufgrund dieser Erfahrung begannen die drei Gründer ab 2001 damit, die Public Library of Science herauszugeben (Regazzi, 2014, S. 80). Inzwischen ist aus diesem Projekt eine der größten OA-Plattformen hervorgegangen. Es handelt sich um einen nicht-kommerziellen wissenschaftlichen OA-Verlag mit Sitz in den USA („Public Library of Science", o. J.). Im Jahr 2003 ging mit *PLoS Biology* eine erste OA-Zeitschrift aus diesem Verlag online. Seitdem sind weitere sechs anerkannte OA-Journale wie *PLoS ONE* oder *PLoS Medicine* publiziert worden. Insgesamt hat dieser Verlag bisher mehr als 165 000 Fachartikel veröffentlicht, die von Autoren aus mehr als 190 Ländern verfasst wurden („About PLOS", o. J.). *PLoS ONE* gilt heute als größte OA-Zeitschrift der Welt, die mit einem Peer-Review-Verfahren arbeitet.[8]

### EPrints und D-Space

Am 29. September 2000 wird die OAI-kompatible (OAI steht für Open Archives Initiative) Open-Source-Repository-Software EPrints vorgestellt („EPrints Services", 2020). Sie wurde an der Universität Southampton entwickelt und wird seitdem kontinuierlich weiterentwickelt. Diese Software ermöglichte erstmals einen stabilen und einfachen Betrieb von Publikations- oder Dokumentenservern im Sinne eines Green Open Access. Darüber hinaus wird EPrints in vielen Fällen auch für die Veröffentlichung von Forschungsdaten genutzt. Die Einführung von Preprint-Servern bildete somit auch eine wichtige Grundlage für die parallele Veröffentlichung von Autorenversionen in digitalen Repositorien. Diese Form der Selbstarchivierung wird heute auch als „grüner Weg" bezeichnet. Das volle Potenzial der Software kam aber vor allem erst dank der Arbeit der OAI im Jahr 1999 zum Tragen. Die Kombination aus Repositorien und Vernetzung schuf hier völlig neue Möglichkeiten.

Ein ähnliches Produkt entwickelte das MIT (Massachusetts Institute of Technology) nur zwei Jahre später und veröffentlichte am 4. November 2002 mit DSpace („DSpace – A Turnkey Institutional Repository Application", 2020) eine weitere OAI-konforme Open-Source-Software zur Archivierung von elektronischen Publikationen und anderen wissenschaftlichen Inhalten. Das Open-Source-Programm DSpace kann sowohl als Publikations- oder Dokumentenserversystem genutzt

---

8   Als erste Open-Access-Zeitschrift im deutschen Sprachraum für das Bibliotheks- und Informationswesen gilt *GMS Medizin – Bibliothek – Information*, die offiziell im Jahr 2001 startete (GMS Medizin — Bibliothek — Information., o. J.).

werden sowie auch zur Veröffentlichung von Forschungsdaten. In Deutschland wird DSpace nicht ganz so oft eingesetzt wie Eprints. Weltweit ist DSpace aber mit über 1 500 Installationen heute das am häufigsten verwendete Programm für die Verwaltung von Repositorien und damit technische Basis für OA-Aktivitäten.

**Creative-Commons-Lizenzen als Basis für die freie Nutzung**

Neben technischen Voraussetzungen, Verlagsinitiativen und dem Herausgeberengagement im Bereich Open Access waren und sind die jeweils gültigen Copyright-Bedingungen sowie die gewährten Nutzungsrechte an Veröffentlichungen zentrale Rahmenbedingungen für das Verständnis, aber auch das Gelingen von Open Access. Denn die Technik alleine löst noch keine strukturellen und administrativen Probleme.

Die Entwicklung der Creative-Commons (CC) -Lizenzen war eine solche wichtige formale Begleitung der Ideen der Open-Access-Bewegung, die zugleich dafür sorgen konnte, dass sich Autoren, die gerne im OA-Modus veröffentlichen wollten, nicht mehr um ihre Anerkennung als Urheber kümmern mussten.

Im Jahr 2001 wurde in den USA die Non-Profit-Organisation Creative Commons gegründet („Creative Commons Announced", 2002). Sie stellte verschiedene Standard-Lizenzverträge zur Verfügung, die sogenannten CC-Lizenzverträge. Zweck dieser Lizenzen ist es, fremde Inhalte einfacher verwenden bzw. eigene Inhalte unter diesen CC-Lizenzen veröffentlichen zu können. So soll einerseits geltendes Urheberrecht berücksichtigt und andererseits die dadurch bestehenden Einschränkungen der Nutzung überwunden werden. Die CC-Lizenzen sind kostenfrei. Es gibt verschiedene Lizenzausprägungen, die unterschiedliche Rechte bedeuten:

- Das Kürzel CC-by (-by) bedeutet, dass eine korrekte Zitierung und Quellenangabe des Autors erforderlich ist.
- CC-nd (-no derivatives) bedeutet, dass keine Bearbeitung des Ursprungstextes möglich ist.
- CC-nc (-non commercial) verbietet die kommerzielle Nutzung, während
- CC-sa (- share alike) die Weitergabe nur unter gleichen (Lizenz-)Bedingungen erlaubt.
- Lediglich CC-0 kennzeichnet völlig Copyright-freie Inhalte als Allgemeingut (public domain).

### 5.6 Die ersten Open-Access-Zeitschriften

Mit diesen umfassenden Nutzungslizenzen war ein rechtlich einfach zu handhabendes System entstanden, das einerseits die Gedanken von Open Access und der Freiheit von Information und Quellen ernst nimmt, gleichzeitig aber dafür sorgte, dass die Rechte am geistigen Eigentum geschützt bleiben. Es schuf die Basis für eine OA-Verbreitung von Inhalten verschiedenster Art für die sich entwickelnden Ideen der „Sharing Economy" und „Sharing Sciences".

#### SHERPA RoMEO und das Directory of Open Access Journals

Inzwischen haben die meisten wissenschaftlichen Verlage OA-Richtlinien veröffentlicht, in denen die Zweitveröffentlichungsrechte geregelt werden. Eine Übersicht hierüber war aber vor allem zu Beginn nur schwer zu erhalten. Aus diesem Grunde starteten am 1. August 2002 gleichzeitig die Projekte SHERPA (Securing a Hybrid Environment for Research Preservation and Access) und RoMEO (Rights MEtadata for Open archiving). Initiiert wurden beide Projekte durch das Programm FAIR (Focus on Access to Institutional Repositories) vom JISC (Joint Information Systems Committee) in Großbritannien (Abbildung 18) (Timeline 2002 – Open Access Directory, o. J.). Die Datenbank SHERPA RoMEO bietet seitdem die Möglichkeit, die verschiedenen Zweitveröffentlichungsrechte der Verlage bequem zu recherchieren. Über 22 000 Zeitschriften sind in dieser Datenbank inzwischen verzeichnet. In der Regel handelt es hier um differenzierte Rechte. So gibt es eine Unterscheidung, ob die Zweitveröffentlichung parallel mit der Erstveröffentlichung erfolgen darf oder ob dies nur mit einer Verzögerung (Embargofrist) erlaubt ist. Zum anderen wird festgelegt, welche Form des Dokumentes veröffentlicht werden darf. Hier wird zwischen Preprint und Postprint unterschieden. Preprint meint dabei die Autorenversion vor der wissenschaftlichen Prüfung (Peer-Review-Verfahren). Postprint-Versionen sind immer begutachtete Arbeiten. Sie werden weiter in „Akzeptierte Manuskriptversion" („Autorenversion") und veröffentlichte „Original-Verlagsversion" differenziert. Die akzeptierte Manuskriptversion weicht dann meist im Layout und eventuell in der Seitenzählung von der Verlagsversion ab. Bei den verschiedenen Archivierungsregelungen der Verlage lassen sich diverse Möglichkeiten unterscheiden, die gut gegliedert in einem übersichtlichen Farbcode dargestellt sind (RoMEO) („SHERPA RoMEO Colours, Pre-print, Post-print, Definitions and Terms", o. J.).

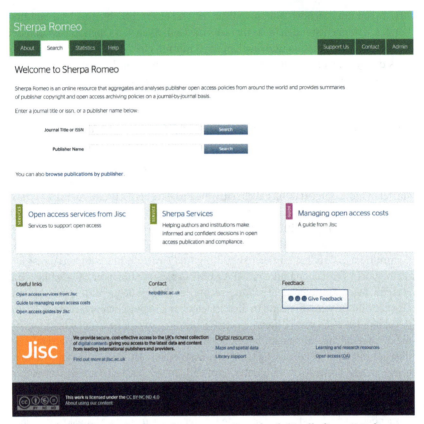

**Abb. 18** Screenshot der Startseite sherpa romeo Datenbank (Quelle: https://v2.sherpa.ac.uk/romeo/)

Diese Datenbank bot (und bietet) eine wichtige Umsetzungsunterstützung für alle am OA-Prozess-Beteiligten ebenso wie das in Schweden entwickelte Directory of Open Access Journals.

Im Jahre 2003 wurde an der Universität Lund in Schweden von der dortigen Universitätsbibliothek das Directory of Open Access Journals (DOAJ) („Directory of Open Access Journals", o. J.) lanciert. Zum Start enthielt dieses Verzeichnis rund 300 Open-Access-Journale. Heute sind in dieser Zeitschriftenliste mehr als 10 000 Open-Access-Zeitschriftentitel verzeichnet und sie beinhaltet sowohl Verlage, deren Open-Access-Modell über APCs finanziert werden, als auch solche, die andere Modelle wählen. Seit 2013 wird dieses Verzeichnis elektronischer OA-Zeitschriften von der britischen Non-Profit-Organisation IS4OA (Infrastructure Services for Open Access C.I.C.) weitergeführt (IS4OA, 2012). Daneben kann man in mehr als 7000 Titeln nach rund 2,8 Millionen Fachartikeln recherchieren und direkt darauf zugreifen.

Am 27. Januar 2006 starteten die University of Nottingham (UK) und die schwedische Universität Lund offiziell das Directory of Open Access Repositories (OpenDOAR) (Jisc, o. J.). Es ermöglicht genau wie das Registry of Open Access Repositories (ROAR) die Recherche nach geeigneten Repositorien (University of Southampton, o. J.).

Diese Datenbanken haben sich als zentrale Tools für das Management und für Auskünfte zu Open-Access-Zeitschriften in den meisten Bibliotheken fest etabliert. Damit stehen wichtige und verlässliche Nachweissysteme für die verfügbaren Open-Access-Zeitschriften und Repositorien zur Verfügung, deren Kenntnis und Vermittlung in Zeiten der Transition des Publikationssystems auch von Seiten der Wissenschaftler zunehmend wichtiger wird.

**Die kommerziellen Early Adoptor**

Der Druck der Open-Access-Bewegung und die Macht des Faktischen haben zu einer zunehmenden Akzeptanz des Open-Access-Systems neben den etablierten (lizenzbasierten) Verlagsmodellen geführt. Als Konsequenz des Aufbaus leistungsfähiger Repositorien und einer entsprechenden Infrastruktur entstand bei vielen Wissenschaftlerinnen und Wissenschaftlern der Wunsch, ihre Veröffentlichungen sowohl in klassischen Verlagszeitschriften zu platzieren, gleichzeitig jedoch eine Version auf einem institutionellen oder fachlichen Repositorium ablegen zu können, um die Sichtbarkeit und Erreichbarkeit der eigenen Publikationen auch jenseits einer Bezahlschranke möglich zu machen.

Viele Verlage wehrten sich anfangs noch gegen diese Zweitnutzung, setzten aber zunehmend die Änderung ihrer Copyrightbestimmungen angepasst um.

Bereits im Mai 2004 änderte der damalige Reed Elsevier Verlag (heute Elsevier) seine Richtlinien bezüglich der Rechte seiner Autoren. Laut dieser neuen Richtlinien dürfen die Elsevier-Autoren eine eigene Version eines von ihnen verfassten Zeitschriftenartikels in einem Eprint-Archiv ihrer Hochschule veröffentlichen (Kuhlen, 2007, Fussnote 18 des Dokuments). Damit gab und gibt Elsevier seinen Autoren die Möglichkeit, ihre in Elsevier-Zeitschriften veröffentlichten Publikationen auch Open Access zu stellen. Elsevier war damit einer der ersten Verlage, der seinen Autoren solche weitreichenden OA-Rechte eingeräumt hatte.

Nur einen Monat später zog der Springer-Verlag (heute Springer Nature) nach und räumte seinen Autoren noch weitgehendere Rechte ein. Springer gestattete den Autoren bereits zum damaligen Zeitpunkt, die eigene Version der Beiträge in einem elektronischen Archiv zu publizieren. Aber mit Springer Open Choice („Your research. Your choice") gab es einen weiteren Entwicklungsschritt. Autoren von Fachaufsätzen wurde angeboten, gegen Bezahlung einer Gebühr von 3 000 USD ihren Beitrag kostenlos und frei verfügbar zu machen. Das schloss das Herunterladen und Ausdrucken mit ein. Mit diesem Schritt war der Verlag einen Weg gegangen, der die Transformation des Publikationssystems vom lizenzbasierten Modell (Abonnement durch die Bibliothek) zu einem Article-Processing-Charge (APC) finanzierten Open-Access-Modell einläutete (Kuhlen, 2007, Kapitel 5 „Geschäftsmodelle").

## 5.7 Verlage und Bibliotheken als Partner in der Wissenschaftskommunikation

Verlage gehören zur Verbreitung und Vermittlung von wissenschaftlichen Inhalten genauso dazu wie die Autoren selbst, die Buchhandlungen oder die Bibliotheken. Dies zumindest war der Standard bis in die 1990er Jahre hinein. Niemand konnte ernsthaft behaupten, dass einzelne oder gar alle dieser Stakeholder für die Produktion, Verbreitung und Archivierung der wissenschaftlichen Ergebnisse überflüssig seien. Verlage waren (und sind es in vielen Bereichen noch bis heute) akzeptierte und gerne gesehene (Geschäfts-)Partner bei der Produktion von wissenschaftlichen Veröffentlichungen. Wie wir bereits im Kapitel 2.5 „Die ersten wissenschaftlichen Zeitschriften" gesehen haben, waren die Wissenschaft und ihre Repräsentanten über die Möglichkeit sehr glücklich, die Herstellung und den Vertrieb von wissenschaftlichen Zeitschriften an einen externen Dienstleister (wie man Verlage freilich damals noch nicht bezeichnete) auslagern zu können. Große Teile der Produktion, Herstellung und des Vertriebs wurden durch Verlage übernommen. Erst im 18. Jahrhundert etablierte sich entsprechend der Wertschöpfungsstufe „Distribution" der Buchhandel als eigenständige Wirtschaftsform.

Tatsächlich entwickelte sich das Geschäftsmodell „Verlag" erst allmählich. Vor der Erfindung des Buchdrucks war die Vervielfältigung von Büchern nichts anderes als das möglichst genaue „Abschreiben" des Originals. Skriptorien waren in den Klöstern und Universitäten angesiedelt und ab dem 13. Jahrhundert auch als private, kommerzielle Kopierstuben zu finden. Der Verkauf der Kopien basierte weitgehend auf einem klaren Auftraggeber/Auftragnehmer-Verhältnis und erfolgte auf Bestellung eines Interessenten. Versprach ein Buch einen größeren Umsatz, ließen Buchhändler Werke auch auf eigene Kosten kopieren und vertrieben sie im

## 5.7 Verlage und Bibliotheken als Partner ...

ganzen Händlernetz. Ein Copyright gab es damals noch nicht und auch Autorenhonorare waren unbekannt. Erst ab Mitte des 18. Jahrhunderts entwickelte sich ein Verständnis von geistigem Eigentum und wirtschaftlichen Nutzungsrechten der Autoren. Buchhändler, die im weitesten Sinne frühe Verlage waren, sind bereits im 5. Jahrhundert v. Chr. nachgewiesen (Rautenberg, 2015, S. 78). Freilich waren die Umsatzzahlen in Zeiten der Handschriften sehr gering und Geld mit dem Verlegen von Büchern zu verdienen, war noch kein ausgefeiltes Geschäftsmodell. Erst mit dem Buchdruck und dem sprunghaften Anstieg der produzierten Mengen ergaben sich nicht nur die Notwendigkeit einer professionellen Abwicklung von Produktion und Vertrieb, sondern auch die Chance, mit dem Verkauf von Büchern und weiteren Druckerzeugnissen Geld zu verdienen. Das frühere Auftraggeber/Auftragnehmer-Modell der handschriftlichen Kopien wandelte sich nun in einen weitgehend anonymen Publikumsmarkt, der einen professionellen Handel mit entsprechenden Vertriebs- und Werbetechniken sowie einem Markt-Know-How erforderlich machte (Rautenberg, 2015, S. 78).

Zu Beginn der Druckerära waren Verlage und Druckereien noch weitgehend identisch (Druckerverleger). Ideen für die Herausgabe eines Werkes hatte nicht selten der Drucker selbst, in dessen Werkstatt das Werk dann produziert und von wo aus auch der Verkauf organisiert wurde. Erst allmählich mit zunehmender Menge der gedruckten Bücher und Erzeugnisse entstand ein nachgelagerter Vertrieb und eine vom Handel entkoppelte Produktion. Diese frühen Buchhändler nannte man „Buchführer" und sie waren im Wesentlichen Handlungsreisende, die die Bücher – meist in Buchfässern verpackt – im Auftrag ihrer „Druckerverleger" an die Käufer lieferten. Die Bezeichnung „Buchführer" existierte bis 1806 (Schulz, 1973, S. 43). Ein stationärer Buchhandel entwickelte sich vereinzelt erst ab dem Jahr 1500 n. Chr. (Business-to-Customer-Modell). Mitte des 16. Jahrhunderts entstand dann der „Messebuchhandel" (Business-to-Business-Modell).

Noch über viele Jahrhunderte hinweg waren Verlage häufig mit Druckereien verbunden, war diese Produktionstiefe doch ein Wettbewerbsvorteil. Im Zeitalter des Outsourcings hingegen und der zunehmenden Spezialisierung spalteten die Verlage zunehmend die eigenen Druckereien ab und reduzierten ihre Produktionstiefe oder, um es positiv zu formulieren, sie spezialisierten sich auf die reinen verlegerischen Tätigkeiten.

Mitte des 19. Jahrhunderts entwickelten sich aus den bis dahin meist disziplinen- und themenübergreifenden Universalverlagen erste reine Wissenschaftsverlage als „Unternehmen, die ausschließlich oder weitgehend auf die Konzeption, Erstellung und den Vertrieb von wissenschaftlichen Werken für die interne Fachkommunikation" (Rautenberg, 2015, S. 426) spezialisiert waren. Frühe Wissenschaftsverlage waren etwa der Georg Thieme Verlag, gegründet 1886 und spezialisiert auf Medizin, der Julius Springer Verlag (1842 in Berlin), MacMillan Science and Education (London 1843), DeGryuter durch Übernahme des Berliner Reimer Verlags 1887 oder Elsevier 1880 (Rautenberg, 2015, S. 426). Eine schöne Übersicht über Technik und Ausstattung von Verlagen von 1901 bis zum Jahr 2000 gibt Adams (Adams, 2002).

Die Aufgaben von Verlagen waren (und sind bis heute) vielfältig und von größter Bedeutung für die Verbreitung von wissenschaftlichen Erkenntnissen: so etwa die Initiierung von Buchprojekten und die Gewinnung von Autorinnen und Autoren, die Herausgabe von Serien und Reihen, die Herausgabe von wissenschaftlichen Zeitschriften und Jahrbüchern. Dazu zählen ganz besonders auch die Betreuung und Zusammenarbeit mit Wissenschaftlern, die als Herausgeber von Zeitschriften die Schnittstelle zwischen Autoren und Verlagen bilden und einerseits im Interesse der Wissenschaft und der Strukturierung von Inhalten und Disziplinen zusammen mit den Verlagen neue Zeitschriften, Reihen oder Serien begründen und fortentwickeln, andererseits den Kontakt zu Autorinnen und Autoren suchen und halten sowie bei der Qualitätskontrolle der publizierten Inhalte (etwa beim Peer Review und dessen Organisation) unterstützen. „Going back in Renaissance, at the emergence of the editor and at the systematization of his activity, we may observe that his role was underlined even from the beginnings of the printed book" (Banou, 2017, S. 128).

Auch die Gewinnung von Publikationsprojekten und die Betreuung von Einzelautorinnen ist eine zentrale Aufgabe von Verlagen. Dazu zählen die Beratung über Gestaltung und Format, Umfang, Sprache oder Ausstattung. Der Verlag betreut Autoren und Herausgeber von der Idee bis zur Produktion und Fertigstellung des Manuskripts (Dill, 2002, S. 123). Auch der Vertrieb zum Groß- oder Zwischenhandel oder zu den Endkunden (die häufig wissenschaftliche Bibliotheken sind) sowie ein zielgenaues Marketing sind überwiegend in Verlegerhand, weil die Verlage die genauen Zielgruppen adressieren können, auf Konferenzen und anderen wissenschaftlichen Veranstaltungen präsent sind, die realen und potenziellen Märkte für die jeweilige Publikation kennen und damit schon im (wirtschaftlichen) Eigeninteresse für eine maximale Verbreitung der Inhalte sorgen. Zudem können Verlage als Wirtschaftsunternehmen die Herstellung wissenschaftlicher Veröffentlichungen skalieren und damit günstiger und effizienter produzieren. Dabei geht der Verlag in der Regel in wirtschaftliche Vorleistung und übernimmt das finanzielle Risiko einer Veröffentlichung. Dies ist Teil seiner unternehmerischen Verantwortung und Freiheit zugleich.

Natürlich haben sich auch Schwerpunkte und Handlungsfelder bei den Verlagen geändert und das „Aufspüren" von Autoren und neuen Themen ist gerade im Bereich der Wissenschaftskommunikation abgelöst worden durch ein aktives Zugehen von potenziellen Autorinnen und Herausgebern auf die Verlage selbst.

"From the past centuries' experience, taste and 'intuition' of the publisher we have moved towards marketing and data. On the basis of all these, we can though identify information: information about authors, readers, sales, editions, previous editions, publicity, competition, publishers, libraries, bookstores, royalties, bestsellers, needs, expectations, etc." (Banou, 2017, S. 120).

Auch bei der Konzeption und Herstellung von Lehrbüchern sind Verlage aktive, oftmals initiierende Partner. Während in den 1950er- bis 1960er- Jahren viele Lehrbücher noch ausschließlich vom Autor selbst geschrieben wurden, gab es ab den 1980er-Jahren deutliche Beteiligung und Unterstützung durch die Verlage: „Many college textbooks in the mid-1980s are written by academics with the active participation of the publishing house" (Horowitz, 1986, S. 98).

Viel zu oft werden all diese Aspekte bei der aktuellen Open-Access-Diskussion ignoriert, geht man doch mittlerweile davon aus, dass eine wissenschaftliche Veröffentlichung eher einer „amtlichen Pflichtmitteilung" und einem „Allgemeingut" (Allmende) gleicht als einer Veröffentlichung bei einem Privatunternehmen mit seinem spezifischen Know-How in der Produktion, beim Vertrieb und im Markt. Es darf bezweifelt werden, dass das viel gelobte „Selfpublishing" ähnlich hohe Qualitätsstandards und eine entsprechende Marktdurchdringung erreichen kann wie eine verlagsbetreute Veröffentlichung, selbst wenn sie im (elektronischen) Open-Access-Modus kostenlos zur Verfügung steht.[9]

Wissenschaftliche Bibliotheken waren über Jahrhunderte auf dem (wissenschaftlichen) Informationsmarkt die zentralen Kunden für die Produkte der Verlage. Sie waren (und sind noch vielfach) damit zentrale Partner in der Publikationskette des Wissens. Als Einrichtungen mit dezidiertem Sammelauftrag für bestimmte Fachgebiete oder als Informationsprovider für die jeweilige Trägerorganisation waren sie relevante Marktteilnehmer und pflegten durchweg gute Beziehungen zu den Lieferanten (Verlage und/oder entsprechender Handel). Bibliothekarinnen und Bibliothekare waren die ersten, die von einer neuen Zeitschrift erfahren haben oder von Neuankündigungen von Büchern oder Reihen/Serien wussten. Sie haben entsprechend ihres Sammelauftrags (vor-)bestellt und die Informationen in ihre Kataloge und Nachweissysteme eingepflegt. Diese Leistungen wurden von den Nutzern einer Bibliothek nicht nur wahrgenommen, sondern auch geschätzt. Bibliothekarinnen und Bibliothekare wissen von vielen Ausleih-Vorbestellungen

---

9  Ohnehin waren Verlage bis Ende des 20. Jahrhunderts praktisch die einzigen Unternehmen für Produktion und Vertrieb von wissenschaftlichen Veröffentlichungen, da es niemandem in den Sinn kam, die Herstellung und alle damit verbundenen, komplizierten Verfahren, Prozesse und Themen selbst in die Hand zu nehmen.

auf Neuankündigungen zu berichten. Man wartete gespannt darauf, dass die neue Literatur geliefert und von der Bibliothek zur Verfügung gestellt wurde.

Bibliotheken waren als Partner in der Literatur- und Informationsversorgung auch deshalb unverzichtbar, weil sie wirtschaftlich unabhängig nur ihrem Sammelprofil verpflichtet über alle Grenzen der verschiedensten Verlage hinweg kauften oder auch nicht kauften. Die Zuordnung von Inhalten zu einem Verlag war für Bibliotheken irrelevant, ging es doch nur darum, die „fachlich-richtige" Literatur zur Verfügung zu stellen, langfristig zu sichern und zu archivieren. Im Unterschied zu heutigen Big Deals mit ihren „Flaterate-Modellen" und dem Zugriff über die Verlagsserver garantierten Bibliotheken Neutralität. Fachliche Auswahl und dezidierte Kauf- oder Nichtkaufentscheidungen werden heute kaum noch gefällt, da inzwischen bei den Großen der Publishingindustrie das komplette Programm lizensiert wird oder (teils über nationale Vereinbarungen) open access zur Verfügung steht. Inwieweit der Leser sich in dieser Masse noch orientieren kann, bleibt der zukünftigen Leseforschung überlassen. Der (verstorbene) Herausgeber der Frankfurter Allgemeinen Zeitung sah diese Tendenz eher kritisch: „Für all you can eat muss der Körper blechen. Für all you can read der Geist" (Schirrmacher, 2009, S. 169).

Verlage und Bibliotheken waren (und sind in Teilen noch immer) verlässliche und zentrale Partner in der Wissenschaftskommunikation. Ohne sie hätte es keine jahrhundertelange Tradition des Publizierens, der Verbreitung, aber auch der Archivierung gegeben. Inhalte, auf die wir uns heute noch beziehen, Quellen, die die Wissenschaft noch immer in großem Maße auswertet und zur Erkenntnisgewinnung heranzieht, wären ohne Verlage und Bibliotheken weder erschienen noch verfügbar gemacht und archiviert worden.

Es ist deshalb geradezu fatal, sich unreflektiert von den Leistungen der Verlagswelt und der Bibliotheken als Partner abzuwenden, in der Hoffnung gerade dann auf ein funktionierendes „Selfpublishing" bauen zu können, wenn die Masse der Wissenschaftler und deren Output dramatisch zunehmen und die Aufsplitterung der Disziplinen bei gleichzeitiger Notwendigkeit der Interdisziplinarität die Komplexität des Publizierens massiv erhöhen. Vor diesem Hintergrund ist auch die massive Beteiligung von Bibliothekarinnen und Bibliothekaren an ihrer eigenen Selbstentmachtung durch das Engagement in der Open-Access-Bewegung ein einmaliges, geradezu absurdes Phänomen in der Geschichte der Berufsstände.

# Die Zukunft der Wissenschaftskommunikation

## 6.1 Vom Erkenntnisprozess zur Veröffentlichung und Digital Science

Themen wie Open Science, Open Access, die Transformation des Publikationssystems, aber auch technologische Entwicklungen und neue Formate der Internetkommunikation bestimmen die Zukunft der Wissenschaftskommunikation. Dabei sind normative Elemente zu berücksichtigen (etwa politische Vorgaben darüber, wie öffentlich finanzierte wissenschaftliche Forschungsergebnisse zu publizieren sind, also wie Wissenschaft kommunizieren *soll*), operativ-technische Fragestellungen (Technik und Geschäftsmodelle auf dem Informationsmarkt, also die Frage, wie Wissenschaft künftig kommunizieren *kann*) und strategische Elemente (die Entscheidung darüber also, wie Wissenschaft künftig kommunizieren *will*).

Die normativen Aspekte wurden bereits in den vorhergehenden Kapiteln gestreift oder ausgeführt. Im Wesentlichen geht es dabei um die Beteiligung von staatlich-öffentlichen Stellen und Institutionen der Forschungsförderung und des Wissenschaftsmanagements. Zunehmend entsteht dort die Vorstellung, dass alle öffentlich finanzierte Forschung und ihre Ergebnisse auch öffentlich und kostenlos zugänglich sein müssen (Open Access). Dass dabei die Grenzen der Wissenschaftsfreiheit (zu der auch die Freiheit zur Wahl des Veröffentlichungsorgans und des Veröffentlichungsmodus gehören) massiv beschnitten werden und Forschungsförderung zunehmend nicht mehr als Ermöglichung von wissenschaftlicher Genialität und Kreativität, sondern als eine Kombination von Formalismen und Programmvorgaben empfunden werden muss, ist Teil der politischen Diskussion und Auseinandersetzung um die Freiheit von Forschung und Lehre (Hartmann, 2017, S. 4–5; Thess, 2019, S. 726–727). Die einfache Formel, wonach derjenige die Regeln bestimmt, der bezahlt, wird in unserem Zusammenhang allzu bedenkenlos auf ein öffentlich-wissenschaftliches Umfeld angewandt, meist ohne direkte demokratische Legitimierung und nur als Wunsch der Öffentlichkeit verkleidet.

Kritik daran gibt es durchaus, wenngleich die allermeisten Wissenschaftlerinnen die „Faust nur in der Tasche" machen können oder wollen, da die Dimension des Anteils von Drittmitteln für Wissenschaft und Forschung inzwischen ein Maß erreicht hat, das in pure Abhängigkeit gemündet ist. Hier haben sich vor allem die Forschungsförderer in eine Machtposition manövriert, bei der die Checks und Balancen zunehmend außer Kraft gesetzt scheinen und eine kleine Gruppe von Personen die Rahmenbedingungen für die „gewünschte" Veröffentlichungspraxis definieren kann (P., 2014). Eine kleine Serie von Artikeln der *Neuen Zürcher Zeitung* (NZZ) aus dem Jahr 2014 befasst sich mit dieser Thematik (Schubert, 2014; Groddeck, 2014; Dommann, 2014; Wenzel, 2014; Hirschi, 2014).

Dies ist umso bedenklicher, als der eigentliche wissenschaftliche Prozess der Erkenntnis- und Ergebnisgewinnung und deren Aufbereitung aus dem Blick gerät. Dabei steht zu befürchten, dass sich Wissenschaftsmanager zunehmend auf formalisierte Strukturen, Verträge und Programme der Forschungsförderung stützen (und stürzen), während der eigentliche Erkenntnisgewinnungsprozess und sein elementarer Begleiter, die strukturierte Veröffentlichung als Teil des expliziten Wissens, in den Hintergrund treten. Die Vorbereitung, Aufbereitung und Verbreitung von Forschungsergebnissen ist aber auch im Zeitalter des Internets kein „automatisches" Nebenprodukt, das schnell erledigt auf einem Server für alle zur Verfügung gestellt werden kann. Tatsächlich ist die Publikation (in welchem Format auch immer) zentraler Bestandteil des Wissensgenerierungsprozesses und der sich anschließenden notwendigen intellektuell-wissenschaftlichen Auseinandersetzung. Wer diesen Schritt großzügig der Forschungs- und Veröffentlichungsfreiheit (und damit der qualitativen Entscheidung des Forschenden) entzieht, läuft Gefahr, Tendenzen der Banalisierung der Publikation zu verstärken und dem Verschwimmen von Wissen und Meinung Vorschub zu leisten. Denn eine Publikation ist nicht ein simples Surrogat der eigentlichen Erkenntnisgewinnung, sondern das Kondensat des Forschungsprozesses selbst.

"The literature of a subject is quite as important as the research work it embodies... the form, in which an investigation is presented to a scientific community, the paper, in which it is first reported, the subsequent criticism and citations from other authors and the eventual place, that it occupies in the minds of the subsequent generation – these are all quite as much part of its life as the germ of the idea from which it originated or the carefully designed apparatus in which the hypothesis was tested and found to be good" (Ziman, 1968, S. 128).

Die Zukunft der Wissenschaftskommunikation und ihrer Formate wird zunehmend auch bestimmt durch die jeweiligen (technischen) Möglichkeiten der Veröffentlichungspraxis. Neben den bekannten (historisch entwickelten) Veröffentlichungsformaten gedruckter Bücher und Zeitschriftenbeiträge wird heute bereits ein Großteil der wissenschaftlichen Journalbeiträge digital veröffentlicht. Auch dies ist längst gängige Praxis und kein Zukunftsthema mehr. Wissenschaftliche Diskussionen werden aber zunehmend auch in den Formaten der sozialen Medien geführt und Forschungsergebnisse so mitgeteilt. Fluide Dokumente (liquid PDF) sind Teil der gelebten Wissenschaftskommunikation ebenso wie Experimentalformate, etwa der Knowledge Graph (Auer & Mann, 2019). All diese neuen Möglichkeiten, Erkenntnisse zu verbreiten und in die Diskussion zu bringen, führen zur Notwendigkeit, den Begriff der Veröffentlichung (Publikation) neu zu definieren oder zumindest zu problematisieren.

Von besonderer Bedeutung bei der Auflösung des klassischen Publikationsbegriffs ist der epistemologische Referenzrahmen und seine Dimension. Die Digitalität erlaubt und ermöglicht eine ganze Reihe von „Entäußerungen" als Veröffentlichung, als Form des „In-den-öffentlichen-Raum-Tretens", deren Eigenschaften und Implikationen nicht mehr in jedem Fall und nicht mehr vollständig im Sinne der vier Grundfunktionen (siehe in Kapitel 4.1 „Der Siegeszug des wissenschaftlichen Zeitschriftenbeitrags als zentrales Element der Kommunikation in Naturwissenschaft und Technik") einer Veröffentlichung mit der Definition einer wissenschaftlichen Publikation zusammenfallen. Ganz nebenbei löst sich auch und zunehmend die Grenze zwischen den Kategorien „wahr" und „falsch" auf. Nicht, dass die kategoriale Einordnung Autoren und Lesern nicht mehr möglich wäre, sondern das eigene Schamgefühl als Maßstab für deren Unterscheidung gerät zunehmend in Zweifel, wie genau man es denn mit der Wahrheit nehmen müsse, wenn gleichzeitig auf politisch-gesellschaftlicher Ebene Fake News zur Wahrheit erklärt oder Gewissheiten als Fake abgetan werden. Und dieser Maßstab gerät zusätzlich in Zweifel, wenn Erfolgserwartung und Erfolgsdruck beim Publizieren gerade für viele Junior Scientists extrem hoch sind und gleichzeitig das Gelingen einer Veröffentlichung nicht mehr nur ausschließlich an der Wahrhaftigkeit der Mitteilungen, sondern an der bloßen Feststellung und Quantifizierung der Wahrnehmung (und nicht mehr der Wahrnehmung selbst) des Mitgeteilten bemessen wird. Wenn Wahrnehmung (und ihre Feststellung) wichtiger werden als Wahrheit, dann werden für die widerspruchslose Grenzverschiebung von Wissen zur Meinung und umgekehrt die Schranken fallen. Looking Good wird wichtiger als Being Good, weil eine rasant ansteigende Publikationszahl eine qualifizierte Rezeption unmöglich macht. Wenn dann auch noch wissenschaftliche Ergebnisse zunehmend nicht mehr reproduzierbar sind (Reuning & Meyer, 2019; Wagner, 2020; Herb & Schöpfel 2018; Suber, 2016) gerät der Common Sense des Grundprinzips der Veröffentlichung wissenschaftlicher Erkenntnisse zum Zwecke ihrer Rezeption, Diskussion und inhaltlichen Weiterentwicklung endgültig in Gefahr.

Zudem beginnen wir gerade erst zu begreifen, wie die Existenz von dynamischen Dokumenten grundsätzliche wissenschaftliche Ergebnisse und den Output in Form wissenschaftlicher Publikationen revolutioniert, etwa dadurch, dass Erkenntnisgewinnung und -verarbeitung sowie die Verbreitung und Diskussion von Ideen in ein „Realtime-Verhältnis" geraten sind. Statik und Gegenwärtigkeit, Verfügbarkeit, Voraussehbarkeit, Berechenbarkeit und Haltbarkeit (alles Attribute von Veröffentlichungen der analogen Zeit) lösen sich in reine Dynamik auf.

Aber das fluide Dokument kommt gewiss, sofern es nicht schon da ist. Es bedeutet die prinzipielle Unabgeschlossenheit schriftlich fixierter Erkenntnismitteilungen. An sich ist allein die Formulierung „prinzipielle Unabgeschlossenheit schriftlich fixierter Inhalte" ein Oxymoron, eine Verbindung nämlich von sich widersprechenden und damit ausschließenden Begriffen. Denn wenn etwas (schriftlich) fixiert ist, dann ist es eben prinzipiell abgeschlossen. Das fluide Dokument hebt diese scheinbare Begriffsirritation auf, weil im Digitalen (anderes als im Analogen) Fixiertes auch unabgeschlossen sein kann. Das irritiert uns deswegen, weil unser Denken seit 2000 Jahren in den Dimensionen des „Codex" mit den einschränkenden Bedingungen des Beschreibmediums „Papier" (oder seinen verschieden Vorgängern) erfolgreich unterwegs ist, während produktive Anwendungen digitaler Äußerungen kaum zwanzig Jahre alt sind. Das fluide Dokument hält sich alles offen, legt sich nicht mehr fest und bleibt unabgeschlossen. Es kennzeichnet eine besondere Ausprägung der digitalen Permanenz (Ball, 2014), die sich gerade dadurch definiert, dass sie auf Festlegungen verzichtet. Damit und darin ist das „Perpetual Beta" einerseits erst möglich und gleichzeitig in kürzester Zeit hoffähig geworden. Aus der Sicht der Wissenschaft aber waren Forschung und wissenschaftliche Erkenntnis und ihre Ergebnisse noch nie abschließend und per se immer vorläufig, so wie es Karl Popper in seinem Falsifikationsprinzip zum wissenschaftsimmanenten Diktum erhoben hat. Es ist deshalb zu fragen, ob die bisherigen Beschreib- und Veröffentlichungsmedien nicht eigentlich nur vorgetäuscht haben, dass es so etwas wie eine abgeschlossene Publikation mit abschließenden Erkenntnissen gebe. Vielmehr können wir argumentieren, dass die Digitalität es erst ermöglicht hat, die prinzipielle Unabgeschlossenheit des wissenschaftlichen Erkenntnisprozesses auch adäquat darstellen zu können. Der Philosoph und Wissenschaftshistoriker Rheinberger formuliert es so: „Die Forschungsliteratur hat in geradezu grotesker Weise eine andere Struktur als der Prozess, in dem die Ergebnisse gewonnen werden" (Rheinberger, 2018, S. 203). Rheinberger vermeidet es allerdings weiterzudenken und zu erkennen, dass die Veröffentlichung von Forschungsliteratur bislang ausschließlich papiergebunden war und damit die Struktur des Erkenntnisprozesses gar nicht in der Publikation reflektiert werden konnte. Diese Rückbindung der Form der Publikation an das Material ihrer Veröffentlichung kann zwar in der

## 6.1 Vom Erkenntnisprozess zur Veröffentlichung und Digital Science

Digitalität nicht prinzipiell aufgehoben werden, die digitalen Medien allerdings stellen Optionen zur Verfügung, mit denen die (dann digital veröffentlichte) Forschungsliteratur zumindest teilweise der Struktur des Forschungsprozesses entsprechen kann. Trotzdem können wir heute noch nicht abschließend erkennen, ob durch den Einsatz digitaler Medien und Publikationen die von McLuhan behauptete „Einlinearität der Schrift und die Verengung in Fachdisziplinen" wieder aufbrechen wird (McLuhan, 1994, S. 27–29) und als „vielköpfige Hydra" in einem Ideen-Netzwerk die wissenschaftliche Kommunikation verändert (Eggen & Ewels, 1995) (und damit in die heute ständig beschworene „Open Science" mündet) oder ob die Verlegung der Veröffentlichung ins Digitale nichts anderes bedeutet als die Unmöglichkeit einer sichtenden Auswahl und einen Mangel an dauerhafter Bereitstellung und Archivierung, wie es der Verleger Vittorio Klostermann befürchtet (Klostermann, 1997).

Dabei haben wir bereits vor Jahrzehnten die Durchdringung der Wissenschaft und ihrer Kommunikation mit elektronischen Medien als netzbasierte Wissenschaft („digitally enhanced science") (Thomas, 2005, S. 21) und als „Wissenschaft aus der Steckdose"[10] kennengelernt und damit genau das gemeint, was wir heute als „Digital Science" bezeichnen: nämlich eine neue Form des netzbasierten wissenschaftlichen kooperativen Arbeitens mit gravierenden Auswirkungen auf die Wissenschaftskommunikation. Auf der Basis neuester Netztechnologien und unter konsequenter Nutzung der Informations- und Wissenstechnologien werden Forschungsprozesse erleichtert, verbessert und intensiviert. Mit verteilten Rechnern, virtueller Zusammenarbeit und moderner Plattformtechnologie steht Wissenschaftlern eine neue Methode des wissenschaftlichen Arbeitens und Kommunizierens zur Verfügung. Als Wissenschaft des 21. Jahrhunderts ist Digital Science gekennzeichnet durch das Aufheben einer distinkten Trennung von informeller und formaler Wissenschaftskommunikation. In einem nahezu kontinuierlichen Prozess der Ideenentwicklung, Hypothesenbildung, des Falsifizierens und Verifizierens bis hin zur Veröffentlichung können Erkenntnisgewinnung und -verbreitung zunehmend in einem großen (virtuell-digitalen) Raum der gesamten Netz-Community gedacht werden. So radikal ausgelegt heißt Open Science (die dann in Digital Science mündet), dass der gesamte Wissenschafts- und Forschungsprozess transparent im öffentlichen Raum stattfindet. Es gibt dann keine Rückzugsgebiete mehr, keinen internen, informellen Rahmen für Zweifel, Enttäuschung, Fehler, Kritik

---

10 Diese Vision bestand in einer digitalen Infrastruktur, bei der Rechenleistung, Dienste und Inhalte „quasi wie Strom aus der Steckdose kommen, ohne dass sich die Wissenschaftler an ihrem Arbeitsplatz um die technischen Details kümmern müssen" (heise online, 2005).

oder auch Verzweiflung und Unverständnis. Ob wir (und damit sind nicht nur die Forschenden und Wissenschaftler selbst gemeint, sondern alle am Prozess der Erkenntnisgewinnung Beteiligten oder Interessierten) das so wollen und ob das dem Erkenntnisprozess selbst und damit der Wissenschaft nutzt, muss noch ausführlich diskutiert werden. Für unsere Überlegungen über die Zukunft der Wissenschaftskommunikation aber müssen wir uns fragen, was die Umsetzung von Open Science denn bedeutet für die Vorstellung einer Veröffentlichung als Endergebnis eines bis anhin meist internen Erkenntnisgewinnungsprozesses. Was es bedeutet, wenn bereits der ganze Prozess, dessen Endergebnis in der analogen Welt eine „Veröffentlichung" ist, an sich öffentlich wird? Verschwimmen die Grenzen zwischen Forschungsprozess und Veröffentlichung und verschwinden die bisherigen Kategorien und Definitionen einer Publikation? Damit sind übrigens auch die Forderungen und Bestrebungen nach Open Access als Forderung nach freiem und kostenlosen Zugang zu wissenschaftlichen Publikationen kaum mehr als ein Rückzugsgefecht. Denn weder die Definition von Veröffentlichung noch deren Natur, Format oder Businessmodell sind beim Umsetzen von Open Science dann noch von Bedeutung. Wenn Open Science in dieser konsequenten Denkweise als Klimax der Wissenschaftskommunikation umgesetzt wird, ist das der vierte Paradigmenwechsel der Wissenschaftskommunikation.

## 6.2 Das Ende des linearen Textes

Bücher und Fachartikel, wie man sie seit Jahrhunderten in den klassischen, gedruckten, wissenschaftlichen Zeitschriften findet, sind primär lineare Texte. Sie erfüllen dabei die vier grundlegenden Funktionen einer Veröffentlichung (Registration, Certification, Awareness, Archiving). Sie sind ausschließlich für die Wahrnehmung und Rezeption durch menschliche Leser konzipiert. Zunehmend besteht der Wunsch, dass wissenschaftliche Inhalte nicht mehr „nur" gelesen werden können sollen, sondern auch noch mit anderen Inhalten, etwa den zugrunde liegenden Forschungsdaten oder Themen verwandter Publikationen verlinkt werden. Ein Austausch mit anderen Wissenschaftlern ist erwünscht, so sollen z. B. Kommentare einfach angehängt werden wie z. B. bei einem Blogbeitrag.

Zudem werden Veröffentlichungen zunehmend von Maschinen „gelesen" und deren Inhalte ausgewertet. Es ist in der Zukunft denkbar, dass wissenschaftliche Veröffentlichungen nicht mehr für den menschlichen Leser geschrieben werden, sondern für die maschinelle Auswertung. Das hat Konsequenzen und fordert neue Formen und Formate der Inhaltsaufbereitung und -darstellung jenseits des klassischen linearen (natürlichsprachlichen) Textes.

**Erweiterte PDF-Dokumente**
Aktuell dominiert bei den elektronischen Ausgaben wissenschaftlicher Zeitschriften und Bücher das „einfache" PDF-Format. Es stellt aber lediglich ein elektronisches Abbild der Print-Publikationen dar. Diese Einschränkungen des PDF-Formats zu beheben, also das PDF zu erweitern, hat u. a. Ausdruck in der „Beyond the PDF"-Bewegung („Beyond the PDF", o. J.) gefunden. In den letzten Jahren sind jedoch zahlreiche Erweiterungen des PDF-Formats mit interaktiven Möglichkeiten realisiert worden.

Ein interessantes Beispiel für diese spezielle Art des wissenschaftlichen Textes ist die Applikation „Papers" von ReadCube. Der Softwareanbieter ReadCube („ReadCube – Software for Researchers, Libraries, and Publishers", o. J.) bezeichnet sich selbst als einen revolutionären Weg, um Artikel zu lesen. In der kostenfreien und kommerziellen Version ist das eine Kombination aus „neuem" PDF oder Lesesoftware und einem Literaturverwaltungsprogramm wie Mendely oder Zotero. Es bietet Funktionen wie persönliche Empfehlungen wissenschaftlicher Beiträge, die dem Leseprofil des Nutzers entsprechen, Volltextsuche in allen Beiträgen unabhängig vom Ursprungsformat, eine optimierte PDF-Anzeige mit Importfunktion vom Computer des Nutzers sowie die Verwaltung von Anhängen, verwandten Materialien und den vom Nutzer hinzugefügten Notizen, Anmerkungen oder Hervorhebungen (die über entsprechende Werkzeuge auf der Oberfläche von „Papers" durch die Nutzer vorgenommen werden können). Alle in einem Text enthaltenen Referenzen werden automatisiert, identifiziert und wo möglich verlinkt. Es lassen sich vollständige Quellenlisten extrahieren, eine Ein-Klick-Autorensuche oder eine Suche nach ähnlichen Beiträgen durchführen. Die Benutzeroberfläche ist individuell anpassbar (Abbildung 19).

120　　　　　　　　　　6  Die Zukunft der Wissenschaftskommunikation

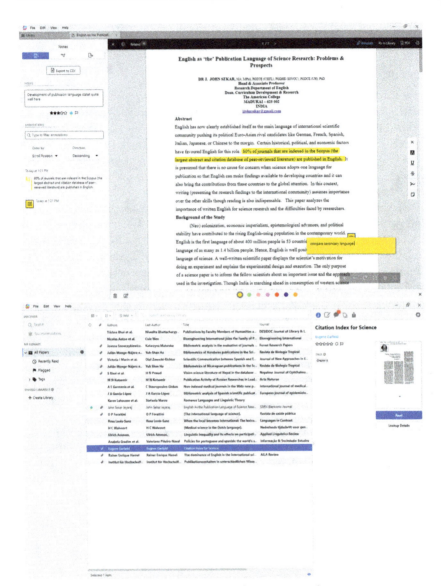

**Abb. 19**　Als Kombination aus Annotations- und Literaturverwaltungsprogramm bietet die App „Papers" von Readcube eine unterstützende Umgebung zur Bearbeitung von und der Arbeit mit Quellen (Quelle: www.readcube.com).

### Erweiterte HTML-basierte Formate

Ein Beispiel für HTML-basierte Formate ist das Produkt „Article oft the Future" von Elsevier. Eine ausführliche Beschreibung dieses Projekts findet man z. B. bei Aalbersberg, Heeman, Koers & Zudilova-Seinstra, (2012). Das „Article of the Future"-Format kann man als den Ausgangspunkt für die heutigen, modernen Darstellungen von Fachartikeln auf der Basis erweiterter HTML-Formate und ihrer unzähligen Funktionen bezeichnen, wie sie momentan für die wissenschaftlichen Online-Datenbanken der großen Verlage wie ScienceDirect, Emeraldinsight u. a. Standard sind. Entwickelt wurde dieser Ansatz, um die Einschränkungen linearer Texte in PDF-Formaten zu beheben. Zentrales Anliegen ist nicht mehr Zwang zum gleichförmigen, linearen Aufbau (wie in einer gedruckten Zeitschrift), sondern ein integriertes, vernetztes Navigationsschema, das jedem User erlaubt, seinen persönlichen, eigenen Weg durch einen wissenschaftlichen Text zu nehmen. Eine der auffälligsten Funktionen des „Article of the Future"-Formats ist die Einführung von Tabs und Reitern, die es Lesern ermöglicht, schnell zwischen Zusammenfassung, Volltext, Methoden, Abbildungen, Quellenangaben, Kommentaren und verwandten Artikeln zu wechseln. Dabei werden fortlaufend weitere interaktive Elemente ergänzt, wie die Einbindung von animierten Abbildungen, Videos, dreidimensionalen Darstellungen oder die Download-Möglichkeit von Graphiken und Tabellen in verschiedenen Formaten.

### Alternative Formen der Wissenschaftskommunikation im WEB 2.0 und in den sozialen Medien

#### Blogs

Auch Blogs gehören heute zu den beliebten und mit am häufigsten genutzten Formen des wissenschaftlichen Publizierens. Die Besucherzahlen und die Anzahl von wissenschaftlichen Blogs, wie man sie auf Science Blog („ScienceBlogs – Where the world discusses science", 2006–2020) findet, haben in den letzten zehn Jahren stark zugenommen.

Die Möglichkeit des Blogging wird dabei von den Wissenschaftlern auf vielfältige Weise genutzt. Dabei werden nicht nur Zusammenfassungen ihrer Arbeiten oder Artikel auf Blogs publiziert, sondern auch Nachrichten oder ganze Beiträge ausgetauscht. Eine große Übersichtsseite mit diversen Blogs von Wissenschaftlern und Forschern findet man z. B. auf Researchblogging.org („Research Blogging", 2015–2020).

Häufig gibt es auch einen speziellen Blog als Ergänzung zu einer Zeitschrift. Ein Beispiel dafür ist der Blog des Journals *Journal of Ecology* („Journal of Ecology

Blog", 2012–2020.), wo man u. a. weitere Informationen und Hintergründe zu einer im *Journal of Ecology* publizierten Arbeit findet.

Eine weitere Variante des Blog-Publikationsmodells für wissenschaftliche Arbeiten ist ScienceOpen („ScienceOpen", 2020). Dieses Angebot ist u. a. ein Aggregator für frei zugängliche Forschungsarbeiten und bringt Inhalte von verschiedenen anderen Forschungsplattformen wie PubMed Central, arXiv oder SciELO an einem Ort zusammen. Wenn Artikel auf diese Weise angezeigt werden, spielen Faktoren wie die Zeitschriftenmarke oder der Impact Factor eine geringere Bedeutung als der Inhalt selbst. Die User können selbst entscheiden und beurteilen, welche Beiträge sie lesen, inhaltlich bewerten und mit anderen teilen möchten. Zudem stellt ScienceOpen eine soziale Netzwerk-Ebene zur Verfügung, die es den Forschern ermöglicht, miteinander zu kommunizieren und mit den auf dieser Seite veröffentlichten Inhalten zu interagieren. Außerdem bietet sie Verlagen und Autoren eine multifunktionale, lösungsorientierte Plattform mit erweiterten Publikationsmöglichkeiten, die sich an den aktuellen Trends der wissenschaftlichen Kommunikation orientiert. Zusammengefasst ist ScienceOpen ein typisches Beispiel für die vielen neuen Wissenschaftsplattformen und akademischen Netzwerke wie ResearchGate oder Academia.edu. Alle diese Websites nutzen die vielfältigen Möglichkeiten des Internets und erweitern fortlaufend ihre Plattformen mit neuen technischen Möglichkeiten zum Anzeigen, Suchen und Verteilen von wissenschaftlichen Inhalten.

Gegenüber klassischen wissenschaftliche Journalen, und damit linearen Texten, haben Blogs folgende Vorteile (Lakens, 2017):

- Blogs verfügen über offene Daten, Codes und Materialien.
- Blogs nutzen Open Peer Review.
- Blogs haben kein Renommee-Filter, da jeder seine Meinung äußern kann, solange er nicht gegen die Gesetze der Redefreiheit verstößt.
- Blogs besitzen eine bessere Fehlerkorrektur.
- Blogs sind Open Access.

## Podcasts

Podcasts sind bekanntlich abonnierbare Audio- oder Videobeiträge, die Radio- oder Fernsehprogrammen ähneln und über das Internet genutzt werden können. User können z. B. einen Podcast abonnieren und neue Episoden automatisch über ihr Smartphone, Tablet oder den Computer herunterladen. Im wissenschaftlichen Bereich werden Podcasts oftmals als Ergänzung zu einer Online-Zeitschrift oder einem Wissenschaftsblog angeboten. Sie bieten ebenfalls eine neue audiovisuelle Art, um wissenschaftliche Inhalte zu veröffentlichen und zu präsentieren. Die zwei bekanntesten wissenschaftlichen Zeitschriften, *Science* und *Nature*, setzen Podcasts

## 6.2 Das Ende des linearen Textes

für wissenschaftliche Inhalte ein, den „Science Podcasts" (o. J.), respektive „Nature Podcast | Nature" (o. J.). Eine Übersichtsseite mit zahlreichen Wissenschafts-Podcasts bietet z. B. die Web App von PlayerFM (o. J.).

**Kurznachrichtendienste: Twitter**

Twitter war eine der ersten sozialen Plattformen, die für das Online-Teilen wissenschaftlicher Arbeiten genutzt wurde. Heute kommt kaum mehr eine wissenschaftliche Konferenz oder Tagung ohne einen Live-Twitter-Feed aus. Aber auch zum schnellen Gedankenaustausch oder zur Information über neue Publikationen ist dieser Kurznachrichtendienst hervorragend geeignet. Auch wissenschaftliche Zeitschriften nutzen begleitende Twitter-Feeds. Das *Journal of Sport Sciences* mit dem Twitter Account „@jsportssci" (o. J.) ist dafür ein typisches Anwendungsbeispiel, wo in erster Linie Tabellen, Graphiken oder kurze Textpassagen aus dem Volltext der *Journal of Sport Sciences*-Artikel getweetet werden. Und natürlich gibt es inzwischen unzählige Wissenschaftler, die diesen Kanal für ihre eigenen Arbeiten oder Ansichten einsetzen. Ein beliebter wissenschaftlicher Account ist etwa der des Astrophysikers Neil deGrasse Tyson (@neiltyson, o. J.).

2014 wurde der Versuch unternommen, die erste, nur auf Twitter erscheinende wissenschaftliche Zeitschrift namens *TwournalOf* (2014) zu lancieren. Allerdings scheint die Zeitschrift, gemessen an der Anzahl der vorhandenen Tweets, nie wirklich aktiv gewesen zu sein.

**Soziale Netzwerke: Facebook, Google+, Instagram**

Auch die bekannten nicht-wissenschaftlichen sozialen Netzwerke werden heute von vielen Wissenschaftlern genutzt, um sich mit ihren Fachkollegen zu vernetzen oder um Inhalte zu posten. Die Instagram-Seite der NASA („Instagram: NASA (@nasa)", o. J.) zeigt z. B. die spektakulärsten Aufnahmen von Planeten unseres Sonnensystems oder des Universums. Ein anderes sehenswertes Beispiel ist die Biodiversity Heritage Library auf der Online-Fotoplattform Flickr („flickr: Alben von Biodiversity Heritage Library", o. J.). Dieses Kompendium enthält mehr als 100 000 alte wissenschaftliche Bücher, die bis zum 15. Jahrhundert zurückreichen. Und natürlich gibt es unzählige Wissenschaftler und wissenschaftliche Zeitschriften, die die Möglichkeiten sozialer Netzwerke nutzen, um wissenschaftliche Inhalte zu verbreiten und mit anderen zu teilen.

**Videos: YouTube**

Die von Google betriebene Video-Plattform YouTube bietet Wissenschaftlern eine sehr gute Möglichkeit, ihre Arbeiten stark visualisiert und in Bewegtbildern zu präsentieren. Die überwiegend „wissenschaftliche" Nutzung von Videos besteht aber bisher darin, komplexe wissenschaftliche Sachverhalte für Laien verständlich darzustellen.

Ein interessantes Beispiel für die Nutzung von YouTube als wissenschaftliche Publikation ist das *Journal of Visualized Experiments (JoVE)* (JoVE Peer Reviewed Scientific Video Journal, o. J.), eine wissenschaftliche, elektronische Zeitschrift, die sich selbst als die weltweit erste Peer-Review-Video-Zeitschrift bezeichnet. Gegründet wurde *JoVE* von Moshe Pritsker im Jahr 2006 und widmet sich seither der Veröffentlichung von Experimenten in einem visuellen Format, um die Produktivität und Reproduzierbarkeit der wissenschaftlichen Forschung zu erhöhen. Filmcrews, die auf rund zwanzig Länder verteilt sind, dokumentieren biologische, physikalische und chemische Forschungen. Diese Aufnahmeteams gehen an die Universitäten und filmen die dortigen Experimente. Sobald ein Dreh abgeschlossen ist, wird er online veröffentlicht.

**Weitere Beispiele alternativer Wissenschaftskommunikation**

**Datenjournale**

Datenjournale, oder engl. Data Journals, stellen eine besondere Variante von wissenschaftlichen Zeitschriften dar. Der größte Unterschied zur klassischen Zeitschriftenform ist die Veröffentlichung von Forschungsdaten, d. h. bei Datenjournalen liegt der Fokus primär auf den Datensätzen. Zweck der Data Journals ist es, das Auffinden von Datensätze transparenter und einfacher zu gestalten. Diese Datensätze müssen dabei nicht unbedingt im Zusammenhang mit einer wissenschaftlichen Entdeckung oder einer Veröffentlichung stehen. Grundsätzlich geht es um die Darstellung und Beschreibung der eingesetzten Methoden dieser Forschungsdaten in den Data Papers. Forschern soll es so ermöglicht werden, in diesen Daten Neues zu entdecken, unabhängig von ihrer ursprünglichen Interpretation oder Nutzungsform. Reine Datenjournale gibt es relativ wenige. Meistens gibt es diese spezielle Form der wissenschaftlichen Zeitschrift als Mischform, d. h. normale, klassische, wissenschaftliche Artikel und Data Papers. Beispiele für Datenjournale sind *Earth System Science Data the data publishing journal* (o. J.), *Biodiversity Data Journal* (BDJ) (o. J.) oder das *CODATA Data Science Journal* (o. J.).

**Living Reviews**

Bereits 1998 wurde das Open-Access-Journal *Living Reviews in Relativity* (o. J.) initiiert. Es ist eines der Pionierprojekte der Open-Access-Bewegung und bereits seit langem zu einer der ersten Adressen für Informationen über Forschungsarbeiten im Fachgebiet der Relativitätstheorie geworden. Das Konzept der „le-

## 6.2 Das Ende des linearen Textes

benden" Artikel nutzt die Vorteile des webbasierten elektronischen Publizierens, indem es Autoren ermöglicht, durch regelmäßige Aktualisierungen neue Entwicklungen und Forschungsergebnisse einzuarbeiten. Um eine hohe wissenschaftliche Qualität zu gewährleisten, werden alle Autoren von einem internationalen Herausgebergremium eingeladen und die Artikel von Experten begutachtet (Peer Review). Das erfolgreiche Konzept von "lebenden" Artikeln wurde inzwischen von zahlreichen anderen Publikationen in verschiedenen Forschungsfeldern von der Astronomie bis zur Politikwissenschaft übernommen.

**eLife's Research Advance Augments Published Articles**

eLife hat mit Research Advance („Moving Research Forward", 2014) eine neue Art von Artikel eingeführt, die es Autoren erlaubt, die Resultate von anderen Verfassern, die auf ihrer eigenen Original-Arbeit beruhen, hinzuzufügen und zu veröffentlichen. Mit diesem Typ an Fachartikeln können Autoren neue Entwicklungen und Folgen für ihre eigene Arbeit erklären, indem sie maximal 1 500 Wörter und bis zu vier Graphiken, Tabellen oder Videos verwenden. Research Advance Artikel werden mit den Originalbeiträgen verlinkt, obwohl sie einzeln indiziert und zitiert werden.

**Textexture.Com**

Mit dem ursprünglich 2012 entwickelten Software-Tool Textexture (o. J.), das neu als App unter dem Namen InfraNodus (o. J.) weitergeführt wird, kann man jeden Text als ein Netzwerk visualisieren. Dazu wird ein Text mehrfach eingelesen und bei jedem Scan-Vorgang werden jeweils bestimmte Stoppwörter und Zeichen entfernt, bis jedes Wort in seine kleinste bedeutungstragende Einheit, das sogenannte Morphem, zerlegt ist. Diese Morpheme bilden die Knotenpunkte, die aufgrund einer Analyse von Satzstruktur, inhaltlicher Nähe etc. untereinander verbunden und in Form eines Netzwerks miteinander in Beziehung gesetzt werden (siehe Abbildung 20). Der daraus resultierende Graph kann verwendet werden, um eine schnelle visuelle Zusammenfassung eines Textes zu erhalten, um die wichtigsten Auszüge zu lesen (indem man auf die Knotenpunkte klickt) und um ähnliche Texte zu finden. Entwickelt wurde dieses kostenlose Online-Software-Tool durch die in Berlin ansässige Agentur Nodus Labs. Zweck dieser Anwendung ist es, den Usern mittels einer interaktiven Darstellung die Möglichkeit zu geben, Texte in einer wirklich nichtlinearen Weise zu lesen. Mit diesem visualisierten Netzwerk ist es z. B. einfach, die relevantesten Themen in einem Text zu finden. Es zeigt außerdem die Beziehung dieser Themen zueinander an, hebt die einflussreichsten Wörter im Text hervor und der User kann durch die entsprechende Auswahl schnell zu anderen Texten und Themen wechseln („Textexture", o. J.).

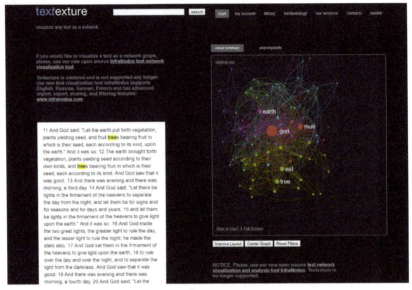

**Abb. 20** Der frei wählbare Text wird anhand von Algorithmen analysiert und in Form eines Netzwerks dargestellt, bei dem die Größe der Knotenpunkte die Häufigkeit einzelner Wörter darstellt und die Verbindungen zwischen den Knotenpunkten die inhaltliche Nähe der korrespondierenden Wörter repräsentieren (Quelle: www.textexture.com).

## 6.3 Ausblick

Die Herausforderungen der Wissenschaftskommunikation der Zukunft sind vielfältig und chancenreich. Ein zentrales Thema ist die Menge der Veröffentlichungen. Täglich produzieren acht Millionen Wissenschaftler weltweit 35 000 Artikel. Der Spiegel überschreibt einen Beitrag am 12. März 2015 mit dem Titel: „Anzahl der Wissenschaftler und die Anzahl ihrer Veröffentlichungen steigt ins Unermessliche: Wer soll das noch alles lesen?" (Dambeck, 2015). Damit schafft es die Wissenschaftskommunikation immerhin in die populäre Berichterstattung. Das Thema „Aufmerksamkeit und Wahrnehmung" wird so zu einem immer wichtigeren Anliegen in der Bewertung von Wissenschaft und ihrem Output. Darauf stellen sich Wissenschaftlerinnen ein und handeln strategisch. Sie werden und müssen Formen und Formate bevorzugen, die ihnen die entsprechende Aufmerksamkeit garantieren. Das sind nicht mehr nur (und immer weniger) die klassischen Zeitschriftenbeiträge,

## 6.3 Ausblick

Bücher und Konferenzvorträge, sondern zunehmend Beiträge in den verschiedenen Kanälen der sozialen Medien und anderen, neuartigen Formaten, wie wir sie im letzten Kapitel (6.2 „Das Ende des linearen Textes") kennengelernt haben.

Die Ideen der Sharing Economy und des Re-Use haben zuerst in der Musikindustrie zu Verwerfungen geführt, da die Idee der ungeteilten Wiederverwendung und Nachnutzung mit der Vorstellung von geistigem Eigentum und wirtschaftlichen Nutzungsrechten nicht vereinbar war. Vor ähnlichen Herausforderungen steht die Wissenschaft. Nicht jeder Wissenschaftler möchte seine Forschungsergebnisse wiederverwendet sehen, genutzt für eine einschlägige Publikation, die Herstellung eines Produkts oder bei der Verleihung eines Preises an einen Kollegen. Das Recht an Ideen, Veröffentlichungen und wirtschaftlicher Nutzung steht auch hier in einem kaum aufzulösenden Widerspruch zum (berechtigten) Anspruch der Öffentlichkeit an Forschungsergebnissen und der Idee des Sharing.

Die Grenzen zwischen illegal und legal beginnen im Informationsmarkt zu verschwimmen. Wir beobachten die Auflösung der Grenzen zwischen legal beschaffter Information und illegalen Zugängen, zwischen Bezahlinformation und kostenloser Informationen im Netz. Zunehmend werden dabei illegale Wege zur Beschaffung von Informationen beschritten, die es so in der gedruckten Welt nicht geben konnte. Die leichtfertige und oft unbedachte Nachnutzung und Teilung von Inhalten ist dabei noch das geringere Problem. Schattenserver und Schattenbibliotheken wie Sci-Hub (Himmelstein et al., 2018)[11] oder Library Genesis (Karaganis, 2018) hingegen verursachen große wirtschaftliche Schäden durch das massenhafte Raubkopieren von wissenschaftlichen Publikationen. Begründet wird dies mit der Absicht der Brechung von Verlagsmonopolen (Bodó, 2018). Zudem wirkt hier die subtile Gleichung „e (electronic)" gleich „free" in ganz besonderer Weise. Es wird erforderlich sein, die juristischen Rahmenbedingungen schnell und funktional den Bedürfnissen der digitalen Wissenschaftskommunikation und all ihren Stakeholdern anzupassen und einen fairen Interessenausgleich herbeizuführen, basieren doch gerade Rechtsprechung und Geschäftsmodelle der Verlagsindustrie noch immer auf den Rahmenbedingungen der Printzeit. Die Wünsche der Wissenschaftler und der Gesellschaft nach freiem Zugang und Weiterverbreitung von Forschungsergebnissen, die verständlichen Ansprüche der Wissenschaftler auf Schutz ihrer geistigen Rechte und die berechtigten wirtschaftlichen Interessen der Verlage, stellen die Stakeholder aus Wissenschaft, Verlagen und Bibliotheken) vor grundlegend neue Herausforderungen.

---

11 Sci-Hub ist eine illegale Schattenbibliothek, die aktuell mehr als 70 Millionen wissenschaftlicher Zeitschriftenartikel auf ihrer Datenbank vorhält, die ohne Bezahlung beschafft worden sind.

Wenn die Bezahlschranke fällt und ein Großteil auch relevanter (Forschungs-) Informationen kostenfrei zur Verfügung stehen sollen, muss geklärt werden, wer für Konzeption, Erstellung, Produktion und Verbreitung relevanter und hochwertiger Information bezahlt. Hier zeichnen sich neue Businessmodelle ab, bei denen die Ware und Dienstleistung nicht mehr durch Lizenz- und Abonnementmodelle bezahlt werden, sondern durch die indirekte Lieferung und Abschöpfung der (Kunden-)Daten oder (wie bei wissenschaftlichen Publikationen) von den Autoren selbst (author pays model).

Forschungsdaten werden künftig nicht mehr nur ergänzende und zusätzliche Informationen sein, sondern konstituierender Bestandteil einer Veröffentlichung. Sie sind nicht mehr länger ergänzendes Archiv, sondern werden gleichberechtigter Kanal des wissenschaftlichen Outcomes. Weil Lesen harte Arbeit ist und ein Wissenschaftler heute nicht mehr Artikel lesen kann, als vor fünfzig Jahren, wird der Einsatz von maschinenlesbaren Veröffentlichungen und Daten verstärkt zum Einsatz kommen. Diese Publikationen werden dann nicht mehr in erster Linie natürlichsprachliche Texte sein. Der narrative Zeitschriftenbeitrag wird zu Ende gehen und durch alternative, maschinenlesbare Formate ergänzt und auch teilweise ersetzt werden.

Nicht nur die Open-Access- und Open-Science-Initiativen der öffentlichen Hand führen zu einer Transformation des Publikationssystems und einer kompletten Neubewertung der Wissenschaftskommunikation. Auch die großen Unternehmen der Publishingindustrie (Verlage) bereiten Produkte und Dienste vor, die die Wissenschaft und ihren Output erneut an ihre Leistungen binden sollen. Diese Unternehmen waren und sind Stakeholder im Veröffentlichungsprozess und sehen nicht still zu, wie Wissenschaft, Forschungsförderer und Bibliothekare das Ende der Verlage ausrufen. So wird etwa der Aufbau von (Forschungs-)Daten-Servern und andern übergreifenden Publikationsplattformen der Verlage (die über riesige Datenmengen verfügen) später wieder Abhängigkeiten erzeugen, insbesondere dann, wenn in der Wissenschaft Looking Good wichtiger wird als Being Good und die Auswertung von Publikationsdaten diesen Trend unterstützt. Die Publishingindustrie bietet dazu „Solutions" an und unterwirft damit die komplette Wertschöpfungskette einem einzigen Produkt. Damit lösen sich die bisherigen modularen Elemente beim Veröffentlichen einfach auf und konvergieren zu einer einzigen Plattform, die dann fluid und permanent unabgeschlossen bleibt. Es ist eine verkürzte Sicht, dass die Open-Science-Initiativen und die Transformation des Publikationssystems den Wissenschafts- und Veröffentlichungsprozess entkommerzialisieren wird und die Abhängigkeiten von Monopolen lösen kann.

# Literaturverzeichnis

Aalbersberg, I. J., Heeman, F., Koers, H., & Zudilova-Seinstra, E. (2012). Elsevier's Article of the Future enhancing the user experience and integrating data through applications. *Insights: the UKSG journal, 25,* 33–43. https://doi.org/10.1629/2048-7754.25.1.33

About PLoS. (o. J.). Abgerufen 11. Mai 2020, von PLOS website: https://plos.org/about/

Adams, P. (2002). Technology in Publishing: A century of progress. In R. E. Abel & L. W. Newlin (Hrsg.), *Scholarly publishing: Books, journals, publishers, and libraries in the twentieth century* (S. 29–39). New York: Wiley.

Akustikkoppler. (2020). In *Wikipedia.* Abgerufen 5. Mai 2020, von https://de.wikipedia.org/w/index.php?title=Akustikkoppler&oldid=198257137

Ammermann, M. (1983). Gelehrten-Briefe des 17. Und frühen 18. Jahrhunderts. In B. Fabian & P. Raabe (Hrsg.), *Gelehrte Bücher vom Humanismus bis zur Gegenwart* (S. 81–96). Wiesbaden: Harrassowitz.

Ammon, U. (2003). Global English and the non-native speaker: Overcoming disadvantage. In Language in the Twenty-First Century. In H. Tonkin, T. Reagan, & Center for Research and Documentation on World Language Problems Staff (Hrsg.), *Language in the Twenty-First Century: Selected papers of the millennial conferences of the Center for Research and Documentation on World Language Problems, held at the University of Hartford and Yale University* (S. 23–34). Philadelphia, NETHERLANDS, THE: John Benjamins Publishing Company.

Anderson, R. (2017, Januar 23). Diversity in the Open Access Movement, Part 1: Differing Definitions. Abgerufen 8. Mai 2020, von The Scholarly Kitchen website: https://scholarlykitchen.sspnet.org/2017/01/23/diversity-open-access-movement-part-1-differing-definitions/

ArXiv.org e-Print archive. (o. J.). Abgerufen 27. April 2020, von https://arxiv.org/

Atkinson, D. (1999). *Scientific discourse in sociohistorical context: The Philosophical transactions of the Royal Society of London, 1675–1975.* Mahwah NJ: Lawrence Erlbaum Associates.

Auer, S., & Mann, S. (2019). Towards an Open Research Knowledge Graph. *The Serials Librarian, 76*(1–4), 35–41. https://doi.org/10.1080/0361526X.2019.1540272

Ball, R. (2001). Die Position der Bibliothek in der Wertschöpfungskette der Wissenschaft. In R. Ball (Hrsg.), *Die Zukunft des wissenschaftlichen Publizierens: Der Wissenschaftler im Dialog mit Verlag und Bibliothek.: Bd. 10* (S. 117–130). Jülich: Forschungszentrum Jülich.

Ball, R. (2007). Erfahrungen einer bibliothekarischen Studienreise nach Indien. *B.I.T.online, 10*(03), 257–261.

Ball, R. (2014). *Die pausenlose Gesellschaft: Fluch und Segen der digitalen Permanenz.* Stuttgart: Schattauer.

Banou, C. (2017). Re-discussing the publishing chain as information value chain-circle. In C. Banou (Hrsg.), *Re-Inventing the Book* (S. 115–131). https://doi.org/10.1016/B978-0-08-101278-9.00004-8

Bauer, H. M. (2018). *Moses fuhr Ferrari: Risse im Fundament unserer Kultur.* BoD – Books on Demand.

Becker-Mrotzek, M. (2006). Mündlichkeit – Schriftlichkeit – Neue Medien. In U. Bredel, H. Hartmut, P. Klotz, J. Ossner, & G. Siebert-Ott (Hrsg.), *Didaktik der deutschen Sprache: Ein Handbuch* (2., durchgesehene Auflage, S. 69–89). Paderborn: Ferdinand Schöningh.

Berliner Erklärung. (2003, Oktober 22). Abgerufen 8. Mai 2020, von https://openaccess.mpg.de/Berliner-Erklaerung

Bethesda Statement on Open Access Publishing. (2003, Juni 20). Abgerufen 8. Mai 2020, von http://legacy.earlham.edu/~peters/fos/bethesda.htm

Beyond the PDF. (o. J.). Abgerufen 14. Mai 2020, von https://sites.google.com/site/beyondthepdf/

Bild: Citroen Tischständer für Microfiche/ Microfilme in Baden ... (o. J.). Abgerufen 5. Juni 2020, von https://www.google.com/imgres?imgurl=https://i.ebayimg.com/00/s/MTYwMFgxMjAw/z/DNkAAOSwSA5eNqlT/$_20.JPG&imgrefurl=https://m.ebay-kleinanzeigen.de/s-anzeige/citroen-tischstaender-fuer-microfiche-microfilme/1314674442-241-8088&tbnid=taYQ4F4GGiLgYM&vet=1&docid=yRRg4rsQv7KsVM&w=450&h=600&itg=1&q=microfiche+st%C3%A4nder&source=sh/x/im

*Biodiversity Data Journal.* (o. J.). Abgerufen 24. April 2020, von https://bdj.pensoft.net/

Bodó, B. (2018). The Genesis of Library Genesis:The Birth of a Global Scholarly Shadow Library. In J. Karaganis (Hrsg.), *Shadow libraries: Access to knowledge in global higher education* (S. 25–52). Cambridge Massachusetts: The MIT Press.

Boig, F. S., & Howerton, P. W. (1952). History and Development of Chemical Periodicals in the Field of Organic Chemistry: 1877–1949. *Science, 115*(2976), 25–31. Abgerufen 12. März 2020, von JSTOR.

Bolz, N. (2007). *Das ABC der Medien.* München: Fink.

Brown, P. O., Eisen, M. B., & Varmus, H. E. (2003). Why PLoS Became a Publisher. *PLOS Biology, 1*(1), 1–2. https://doi.org/10.1371/journal.pbio.0000036

Budapest Open Access Initiative | German Translation. (o. J.). Abgerufen 8. Mai 2020, von https://www.budapestopenaccessinitiative.org/boai-10-translations/german-translation

Bundesministerium für Forschung und Technologie (Hrsg.). (1975). *Programm der Bundesregierung zur Förderung der Information und Dokumentation (IuD-Programm) 1974–1977.* Bonn: BMBF, Referat für Presse und Öffentlichkeitsarbeit.

Bush, V. (1995). As We May Think (an article that appeared in The Atlantic Monthly in 1945 predicting the electronic revolution). *The Journal of Electronic Publishing, 1*(1 & 2). https://doi.org/10.3998/3336451.0001.101

Cahn, M. (1991). Die Medien des Wissens. Sprache, Schrift und Druck. In *Ausstellungskataloge / Staatsbibliothek Preussischer Kulturbesitz: Bd. 41. Der Druck des Wissens: Geschichte und Medium der wissenschaftlichen Publikation: [Ausstellung vom 16. Juli bis 31. August 1991], Staatsbibliothek Preussischer Kulturbesitz Berlin* (S. 31–64). Wiesbaden: Reichert.

Cancik, H., & Schneider, H. (Hrsg.). (1999). Der neue Pauly. Enzyklopädie der Antike. In *Enzyklopädie der Antike: Bd. 13. Rezeptions- und Wissenschaftsgeschichte A – Fo.* Stuttgart – Weimar: J. B. Metzler Verlag.

# Literaturverzeichnis

Capurro, R. (2000). Medien (R-)Evolutionen. Abgerufen 7. März 2020, von http://www.capurro.de/leipzig.htm

Carr, N. G. (2013). *Surfen im Seichten: Was das Internet mit unserem Hirn anstellt.* München: Pantheon.

Ceynowa, K. (2013). Kultur ohne Text. *Hohe Luft, 11,* 53–57.

Chemical Abstracts Service. (2019). In *Wikipedia.* Abgerufen 9. Juni 2020, von https://de.wikipedia.org/w/index.php?title=Chemical_Abstracts_Service&oldid=189019193

Clarivate Analytics. (o. J.). Web of Science—Current Contents Connect Basic Search. Abgerufen 28. April 2020, von Web of Knowledge website: http://apps.webofknowledge.com/CCC_GeneralSearch_input.do?product=CCC&search_mode=GeneralSearch&SID=C6B-Kt8NtFBezYADvxEq&preferencesSaved=

Clermont, M., Dirksen, A., Scheidt, B., & Tunger, D. (2017). Citation metrics as an additional indicator for evaluating research performance? An analysis of their correlations and validity. *Business Research, 10*(2), 249–279. https://doi.org/10.1007/s40685-017-0044-0

Copyleft. (2020). In *Wikipedia.* Abgerufen 30. Mai 2020, von https://de.wikipedia.org/w/index.php?title=Copyleft&oldid=198295642

Crawford, W. (2002). Free electronic refereed journals: Getting past the arc of enthusiasm. *Learned Publishing, 15*(2), 117–123. https://doi.org/10.1087/09531510252848881

Creative Commons Announced. (2002, Oktober 16). Abgerufen 16. April 2020, von Creative Commons website: https://creativecommons.org/2002/10/16/creativecommonsannounced-2/

Dambeck, H. (2015, März 12). *Publikationsflut: Forscher veröffentlichen zu viel—DER SPIEGEL.*

Data Science Journal. (o. J.). Abgerufen 28. März 2020, von http://datascience.codata.org/

DataPubs. (o. J.). DataPubs authors: Alison Wells, Data Engineer in London, United Kingdom | Data Engineers Digest: Authors and papers on data engineering, data science and data analytics. Abgerufen 14. Mai 2020, von https://datapubs.com/author-profiles

De Gennaro, R. (1977). Escalating Journal Prices: Time to Fight Back. *American Libraries, 8*(2), 69–74. Abgerufen 25. April 2020, von JSTOR.

de Padova, T. (2014). *Leibniz, Newton und die Erfindung der Zeit* (3. Aufl.). München: Piper.

de Solla Price, D. J. (1963). *Little Science, Big Science.* New York: Columbia University Press.

de Solla Price, D. J. (1965). Networks of Scientific Papers. *Science, 149*(3683), 510–515. https://doi.org/10.1126/science.149.3683.510

de Solla Price, D. J. (1974). *Little science – big science: Von der Studierstube zur Grossforschung.* Frankfurt am Main: Suhrkamp.

Deppe, A., & Beucke, D. (2018). Ursprünge und Entwicklung von Open Access. In K. Söllner & B. Mittermaier (Hrsg.), *Praxishandbuch Open Access* (S. 12–20). De Gruyter Saur.

Dickson, P. (2001). *Sputnik: The shock of the century.* New York: Walker.

Dill, J. F. (2002). The Creative Role of the Professional or STM Publisher. In L. W. Newlin & R. E. Abel (Hrsg.), *Scholarly Publishing: Books, Journals, Publishers, in the twentieth century* (S. 121–133). New York: Wiley.

Directory of Open Access Journals. (o. J.). Abgerufen 11. Mai 2020, von https://doaj.org

Doblhofer, E. (2000). *Die Entzifferung alter Schriften und Sprachen* (1. Aufl.). Leipzig: Reclam.

Dommann, M. (2014, Juni 17). Empörung alleine reicht nicht | NZZ. *Neue Zürcher Zeitung.* Abgerufen 12. Februar 2020, von https://www.nzz.ch/feuilleton/experimentiergeist-ist-gefragt-1.18323474

dpa. (2019, Oktober 29). Hintergrund: Meilensteine in der Geschichte des Internets. *Die Zeit*. Abgerufen 6. April 2020, von https://www.zeit.de/news/2019-10/29/meilensteine-in-der-geschichte-des-internets

Drghirlanda. (o. J.). Abgerufen 11. Mai 2020, von Drghirlanda website: https://drghirlanda.com/

DSpace—A Turnkey Institutional Repository Application. (2020). Abgerufen 11. Mai 2020, von Duraspace.org website: https://duraspace.org/dspace/

*Earth system science data: ESSD : the data publishing journal*. (o. J.). Abgerufen 5. März 2020, von https://www.earth-system-science-data.net/

EBSCO. (2013, September 26). EBSCO Releases 2014: Serials Price Projection Report. Abgerufen 11. Mai 2020, von EBSCO Information Services, Inc. | www.ebsco.com website: https://www.ebsco.com/news-center/press-releases/ebsco-releases-2014-serials-price-projection-report

Eggen, B., & Ewels, C. (1995). Vielköpfige Hydra: Neue Medien verändern die wissenschaftliche Kommunikation. *Zeitschrift für KulturAustausch*, 550–555.

EPrints Services. (2020). Abgerufen 11. Mai 2020, von https://www.eprints.org/uk/

Estermann, M. (1992). *Verzeichnis der gedruckten Briefe deutscher Autoren des 17. Jahrhunderts*. Wiesbaden: Harrassowitz.

Evidence-based Public Health. (o. J.). Abgerufen 14. April 2020, von http://www.henet.ch/ebph/08_pubmed/pubmed_082.php

flickr: Alben von Biodiversity Heritage Library [Online-Fotoplattform]. (o. J.). Abgerufen 14. Mai 2020, von Flickr website: https://www.flickr.com/photos/61021753@N02/

Garfield, E. (1955). Citation Indexes for Science: A New Dimension in Documentation through Association of Ideas. *Science, 122*(3159), 108–111. https://doi.org/10.1126/science.122.3159.108

Garvey, W. D. (2014). *Communication: The Essence of Science: Facilitating Information Exchange Among Librarians, Scientists, Engineers and Students*. Elsevier.

*Geographical Abstracts: Physical Geography*. (o. J.). Abgerufen 8. Juni 2020, von https://www.journals.elsevier.com/geographical-abstracts-physical-geography

Gerling, B., Hoefermann, A., Schöming, O., & Schünemann, A. (1996). Das Unterrichtsgespräch: Fragend-entwickelnd oder neosokratisch? Abgerufen 7. März 2020, von http://paedpsych.jk.uni-linz.ac.at/internet/arbeitsblaetterord/UNTERRICHTSFORMORD/PREISS/ugespr5.html

Geschichte der Schrift. (2020). In *Wikipedia*. Abgerufen 11. Mai 2020, von https://de.wikipedia.org/w/index.php?title=Geschichte_der_Schrift&oldid=196929813

Ghirlanda, S. (1998). Free Science Campaign. Abgerufen 11. Mai 2020, von https://web.archive.org/web/20010802072953/http:/ethology.zool.su.se/freescience/

Giesecke, M. (1997, Januar 4). Johannes Gensfleisch, gen. Gutenberg. Über Nutzen und Schaden der typographischen Monokultur. *Neue Zürcher Zeitung*, S. 45–46.

Gioia, D. A., & Corley, K. G. (2002). Being Good versus Looking Good: Business School Rankings and the Circean Transformation from Substance to Image. *Academy of Management Learning & Education, 1*(1), 107–120. Abgerufen 13. April 2020, von JSTOR.

Glänzel, W. (1996). A bibliometric approach to social sciences. National research performances in 6 selected social science areas, 1990–1992. *Scientometrics, 35*(3), 291–307. https://doi.org/10.1007/BF02016902

Gloning, T. (2011). Interne Wissenschaftskommunikation im Zeichen der Digitalisierung. Formate, Nutzungsweisen, Dynamik. In G. Fritz & T. Gloning (Hrsg.), *Digitale Wissen-*

*schaftskommunikation: Formate und ihre Nutzung* (S. 3–34). Gießener Elektronische Bibliothek 2011.

GMS *Medizin—Bibliothek—Information.* (o. J.). Abgerufen 5. Juni 2020, von https://www.egms.de/dynamic/en/journals/mbi/index.htm

Gnu.org. (o. J.). Abgerufen 8. Mai 2020, von https://www.gnu.org/licenses/licenses.de.html

GOAL Info Page [Mailing list]. (o. J.). Abgerufen 11. Mai 2020, von http://mailman.ecs.soton.ac.uk/mailman/listinfo/goal

Greenblatt, S. (2012). *Die Wende: Wie die Renaissance begann* (6. Aufl.). München: Siedler.

Groddeck, W. (2014, Juni 27). Geisteswissenschaftliche Editionen im Internet | NZZ. *Neue Zürcher Zeitung.* Abgerufen 7. April 2020, von https://www.nzz.ch/feuilleton/buecher/gehoeren-geisteswissenschaftliche-editionen-ins-internet-1.18331137

Guntau, M. (1987). Der Herausbildungsprozeß moderner wissenschaftlicher Disziplinen und ihre stadiale Entwicklung in der Geschichte. *Berichte Zur Wissenschaftsgeschichte, 10*(1), 1–13. https://doi.org/10.1002/bewi.19870100102

Haarmann, H. (2004). *Geschichte der Schrift* (2., durchges. Aufl.). München: C.H.Beck.

Hagner, M. (2015). *Zur Sache des Buches.* Göttingen: Wallstein Verlag.

Hall, M. B., & Oldenburg. (2002). *Henry Oldenburg: Shaping the royal society.* Oxford: University Press.

Hallam, H. (1839). *Introduction to the Literature of Europe in the 15th, 16th and 17th centuries.* Paris.

Hamaker, C. (2002). The place of scholarly and scientific libraries in an increasingly and more widespread competitive information knowledge market. In: Scholarly Publishing. In Richard E. Abel, L. W. Newlin, K. Strauch, & B. Strauch (Hrsg.), *Scholarly publishing: Books, journals, publishers, and libraries in the twentieth century* (S. 277–291). New York: Wiley.

Hamel, R. E. (2007). The dominance of English in the international scientific periodical literature and the future of language use in science. *AILA Review, 20*(1), 53–71. https://doi.org/10.1075/aila.20.06ham

Harari, Y. N. (2015). *Eine kurze Geschichte der Menschheit* (J. Neubauer, Übers.). München: Pantheon.

Harnad, S. (1990). Scholarly Skywriting and the Prepublication Continuum of Scientific Inquiry. *Psychological Science, 1,* 342–343.

Harnad, S. (1995). A Subversive Proposal. In A. Okerson, J. J. O'Donnell, A. Okerson, & J. O'Donnell (Hrsg.), *Scholarly Journals at the Crossroads: A Subversive Proposal for Electronic Publishing.* Association of Research Libraries.

Hartmann, T. (2017). Zwang zum Open Access-Publizieren? Der rechtliche Präzedenzfall ist schon da! *Libreas : library ideas,* (32), 1–13.

Heidegger, M. (1927). *Sein und Zeit.* Tübingen.

heise online. (2005, Oktober 26). Enhanced Science: Wikis für die Wissenschaft [Newsticker]. Abgerufen 19. Mai 2020, von Heise online website: https://www.heise.de/newsticker/meldung/Enhanced-Science-Wikis-fuer-die-Wissenschaft-141481.html

Herb, U., & Schöpfel, J. (2018). *Open divide: Critical studies on open access.* Sacramento CA: Library Juice Press.

Herbst, M. (Hrsg.). (2014). *The Institution of Science and the Science of Institutions: The Legacy of Joseph Ben-David.* https://doi.org/10.1007/978-94-007-7407-0

Hettche, T. (2003, Dezember 23). Sammlung und Zerstreuung. *Frankfurter Allgemeine Zeitung.*

Himmelstein, D. S., Romero, A. R., Levernier, J. G., Munro, T. A., McLaughlin, S. R., Greshake Tzovaras, B., & Greene, C. S. (2018). Sci-Hub provides access to nearly all scholarly literature. *eLife*, *7*, e32822. https://doi.org/10.7554/eLife.32822

Hirschi, C. (2014, Mai 19). Der Schweizerische Nationalfonds und seine Open-Access-Strategie | NZZ. *Neue Zürcher Zeitung*. Abgerufen 27. März 2020, von https://www.nzz.ch/feuilleton/der-schweizerische-nationalfonds-und-seine-open-access-strategie-1.18304812

Horowitz, I. L. (1986). *Communicating ideas: The crisis of publishing in a post-industrial society*. New York: Oxford University Press.

Houghton, B. (1975). *Scientific Periodicals: Their Historical Development, Characteristics, and Control*. London: Linnet Books.

Human Genome Project Timeline. (o. J.). Abgerufen 8. Mai 2020, von https://web.ornl.gov/sci/techresources/Human_Genome/project/timeline.shtml

Humboldt, W. von. (1836). *Über die Verschiedenheit des menschlichen Sprachbaus und ihren Einfluss auf die geistige Entwicklung des Menschengeschlechts* (J. C. Buschmann, Hrsg.). Berlin: Dümmler.

Hunter, M. (1989). *Establishing the new science: The experience of the early Royal Society*. Woodbridge: Boydell Press.

InfraNodus: Generate Insight Using Text Network Analsysis [Software tool]. (o. J.). Abgerufen 26. Mai 2020, von https://infranodus.com/?utm_campaign=InfraNodus&utm_source=NL_Sidebar&utm_medium=Image

Instagram: NASA (@nasa) [Instagram user profile]. (o. J.). Abgerufen 14. Mai 2020, von https://www.instagram.com/nasa/

IS4OA. (2012, Dezember 17). New agreement regarding management of the DOAJ. Abgerufen 16. April 2020, von Infrastructure Services for Open Access website: https://is4oa.org/2012/12/17/new-agreement-regarding-management-of-the-doaj/

Iwinski, M. B. (1911). La statistique internationale des Imprimés. *Bulletin de l'Institut International Bibliographie*, (16), 1–139.

Jacobs, N. (2006). *Open Access: Key Strategic, Technical and Economic Aspects*. Elsevier.

Jäggi, W. (2017, Oktober 12). Der Sputnik-Schock. *Tages-Anzeiger*. Abgerufen 2. Mai 2020, von https://www.tagesanzeiger.ch/wissen/technik/der-sputnikschock/story/26424933

Janzin, M., & Güntner, J. (2007). *Das Buch vom Buch: 5000 Jahre Buchgeschichte* (3. überarb. und erw. Aufl.). Hannover: Schlütersche Verlagsgesellschaft.

Jehne, M. (2009). Publikationsverhalten in unterschiedlichen wissenschaftlichen Disziplinen: Geschichtswissenschaften (Institut für Hochschulforschung, Hrsg.). Bonn: Alexander von Humboldt-Stiftung.

Jellison, S., Roberts, W., Bowers, A., Combs, T., Beaman, J., Wayant, C., & Vassar, M. (2019). Evaluation of spin in abstracts of papers in psychiatry and psychology journals. *BMJ Evidence-Based Medicine*. https://doi.org/10.1136/bmjebm-2019-111176

Jisc. (o. J.-a). Abgerufen 8. Mai 2020, von Jisc website: https://www.jisc.ac.uk/

Jisc. (o. J.-b). OpenDOAR. Abgerufen 12. Mai 2020, von http://v2.sherpa.ac.uk/opendoar/

Johnson, R., Watkinson, A., & Mabe, M. (2018). *The STM Report: An overview of scientific and scholarly journal publishing* (Nr. Fifth edition). The Hague: International Association of Scientific, Technical and Medical Publishers.

Journal of Ecology Blog [Science Blog]. (2012, 2020). Abgerufen 14. Mai 2020, von Journal of Ecology Blog website: https://jecologyblog.com/

*JoVE Peer Reviewed Scientific Video Journal*. (o. J.). Abgerufen 5. April 2020, von https://www.jove.com

@jsportssci. (o. J.). Twitter: Journal of Sports Sciences (JSS) (@JSportsSci) [Twitter Journal]. Abgerufen 14. Mai 2020, von Twitter website: https://twitter.com/jsportssci

Kaier, C., & Lackner, K. (2019). Open Access aus der Sicht von Verlagen: Ergebnisse einer Umfrage unter Wissenschaftsverlagen in Deutschland, Österreich und der Schweiz. *Bibliothek Forschung und Praxis*, *43*(1), 194–205. https://doi.org/10.1515/bfp-2019-2008

Kaku, M. (2014). *Die Physik des Bewusstseins: Über die Zukunft des Geistes*. Reinbek bei Hamburg: Rowohlt.

Kalmbach, G. (1996). Der Dialog im Spannungsfeld von Schriftlichkeit und Mündlichkeit. In *Der Dialog im Spannungsfeld von Schriftlichkeit und Mündlichkeit*. Tübingen: Niemeyer Verlag.

Karaganis, J. (2018). *Shadow libraries: Access to knowledge in global higher education*. Cambridge Massachusetts: The MIT Press.

Kästner, I. (1981). *Johannes Gutenberg* (2. Aufl.). Leipzig: Teubner.

Kieslich, G. (1969). *Kommunikationskrisen in der Wissenschaft*. Salzburg: Pustet.

Kirchner, J. (1960). Gedanken zur Definition der Zeitschrift. *Publizistik*, *5*, 14–20.

Klostermann, V. E. (1997). *Verlegen im Netz: Zur Diskussion um die Zukunft des wissenschaftlichen Buches*. Frankfurt a. M.: Klostermann.

Kronick, D. A. (1976). *A history of scientific & technical periodicals: The origins and development of the scientific and technical press, 1665–1790* (2 ed.). Metuchen, NJ: Scarecrow Press.

Kuhlen, R. (2007). Open access – ein Paradigmenwechsel für die öffentliche Bereitstellung von Wissen. Entwicklungen in Deutschland. *BiD: textos universitaris de biblioteconomia i documentació*, (18).

Kuhn, T. S. (1973). *Die Struktur wissenschaftlicher Revolutionen*. Frankfurt a. M.: Suhrkamp.

Kullenberg, C., & Kasperowski, D. (2016). What Is Citizen Science? – A Scientometric Meta-Analysis. *PLoS ONE*, *11*(1). https://doi.org/10.1371/journal.pone.0147152

Kutz, M. (2002). The Scholars Rebellion Against Scholarly Publishing Practices: Varmus, Vitek, and Venting. *Searcher*, *10*(1), 28–43.

Kyvik, S. (2003). Changing trends in publishing behaviour among university faculty, 1980–2000. *Scientometrics*, *58*(1), 35–48. https://doi.org/10.1023/A:1025475423482

Lakens, D. (2017, April 19). Five Reasons Why Science Blogs Beat Mainstream Journals | PSI, Inc. Abgerufen 14. Mai 2020, von Principia Scientific International website: https://principia-scientific.org/five-reasons-science-blogs-beat-mainstream-journals/

Larivière, V., Archambault, É., Gingras, Y., & Vignola-Gagné, É. (2006). The place of serials in referencing practices: Comparing natural sciences and engineering with social sciences and humanities. *Journal of the American Society for Information Science and Technology*, *57*(8), 997–1004. https://doi.org/10.1002/asi.20349

Leininger, W. (2009). *Publikationsverhalten in unterschiedlichen wissenschaftlichen Disziplinen: Witschaftswissenschaften* (Institut für Hochschulforschung, Hrsg.). Bonn: Alexander von Humboldt-Stiftung.

Leydesdorff, L. (2008). Journals as retention mechanisms of scientific growth. *Research Trends*, (7), 6–7.

Lieberman, P. (2006). *Toward an evolutionary biology of language*. Cambridge, Mass: Belknap Press of Harvard University Press.

Living Reviews in Relativity. (o. J.). Abgerufen 14. Mai 2020, von Springer website: https://www.springer.com/journal/41114

Logan, R. K. (2014). *What is information?: Propagating organization in the biosphere, symbolosphere, technosphere and econosphere* (P. Jones & G. Van Alstyne, Hrsg.). Toronto: DEMO Publishing.

Mabe, M. (2003). The growth and number of journals. *Serials, 16*(2), 191–197. https://doi.org/10.1629/16191

Mabe, M., & Amin, M. (2001). Growth dynamics of scholarly and scientific journals. *Scientometrics, 51*(1), 147–162. https://doi.org/10.1023/A:1010520913124

Mack, C. A. (2015). 350 Years of Scientific Journals. *Journal of Micro/Nanolithography, MEMS, and MOEMS, 14*(1), 010101. https://doi.org/10.1117/1.JMM.14.1.010101

Manten, A. A. (1980). The Growth of European Scientific Journal Publishing before 1850. In A. J. Meadows (Hrsg.), *Development of Science Publishing in Europe* (S. 1–22). Amsterdam: Elsevier Science Publishers.

Mayer-Schönberger, V., & Cukier, K. (2013). *Big Data: Die Revolution, die unser Leben verändern wird* (2. Auflage). München: Redline Verlag.

McLuhan, M. (1994). *Die magischen Kanäle: Understanding Media*. Dresden: Verlag der Kunst.

McLuhan, M. (1995). *Understanding media: The extensions of man* (2. printing). Cambridge, Massachusetts [etc.]: MIT Press.

McLuhan, M. (2017). Geschlechtsorgan der Maschinen. In T. Baumgärtel (Hrsg.), *Texte zur Theorie des Internets* (S. 28–40). Ditzingen: Reclam.

McLuhan, M., Fiore, Q., & Angel, J. (1967). *The medium is the massage*. Harmondsworth: Penguin.

Meadows, A. J. (1974). *Communication in science*. London: Butterworth.

Meadows, A. J. (1997). Change and Growth. In A. J. Meadows (Hrsg.), *Communicating Research* (S. 1–37). https://doi.org/10.1108/S1876-0562(1997)000097B002

Meadows, A. J. (1998). *Communicating research*. San Diego, California [etc.]: Academic Press.

Meadows, A. J. (2000). The Growth of Journal Literature: A historical Perspective. In B. Cronin & H. Barsky Atkins (Hrsg.), *The web of knowledge: A festschrift in honor of Eugene Garfield* (S. 87–108). Medford, NJ: Information Today.

Meho, L. I. (2007). The rise and rise of citation analysis. *Physics World, 20*(1), 32–36. https://doi.org/10.1088/2058-7058/20/1/33

Mikroform. (2020). In *Wikipedia*. Abgerufen 2. Juni 2020, von https://de.wikipedia.org/w/index.php?title=Mikroform&oldid=199615951

Mittler, E. (2018). Open Access: Wissenschaft, Verlage und Bibliotheken in der digitalen Transformation des Publikationswesens. *Bibliothek Forschung und Praxis, 42*(1), 9–27. https://doi.org/10.1515/bfp-2018-0003

Moving research forward: ELife announces the Research Advance. (2014, August 13). Abgerufen 14. Mai 2020, von ELife website: https://elifesciences.org/inside-elife/dd67a1b3/moving-research-forward-elife-announces-the-research-advance

Mruck, K., Gradmann, S., & Mey, G. (2004). Open Access: (Social) Sciences as Public Good. *Forum Qualitative Sozialforschung / Forum: Qualitative Social Research, 5*(2). https://doi.org/10.17169/fqs-5.2.624

Müller, W. R., & Institut für Buchwesen. (1998). *Elektronisches Publizieren: Auswirkungen auf die Verlagspraxis*. Wiesbaden: Harrassowitz.

Nature Podcast | Nature. (o. J.). Abgerufen 14. Mai 2020, von https://www.nature.com/nature/articles?type=nature-podcast

Nederhof, A. J. (2006). Bibliometric monitoring of research performance in the Social Sciences and the Humanities: A Review. *Scientometrics, 66*(1), 81-100. https://doi.org/10.1007/s11192-006-0007-2

Nederhof, A. J., & Van Wijk, E. (1997). Mapping the social and behavioral sciences worldwide: Use of maps in portfolio analysis of national research efforts. *Scientometrics, 40*(2), 237-276. https://doi.org/10.1007/BF02457439

Nederhof, A. J., Zwaan, R. A., De Bruin, R. E., & Dekker, P. J. (1989). Assessing the usefulness of bibliometric indicators for the humanities and the social and behavioural sciences: A comparative study. *Scientometrics, 15*(5), 423-435. https://doi.org/10.1007/BF02017063

@neiltyson. (o. J.). Twitter: Neil deGrasse Tyson (@neiltyson) [Twitter user profile]. Abgerufen 14. Mai 2020, von Twitter website: https://twitter.com/neiltyson

Norris, M., & Oppenheim, C. (2003). Citation counts and the Research Assessment Exercise V: Archaeology and the 2001 RAE. *Journal of Documentation, 59*(6), 709-730. https://doi.org/10.1108/00220410310698734

Opitz, P., Saxer, E., & Engeler, J. (2018). *Zwingli lesen: Zentrale Texte des Zürcher Reformators in heutigem Deutsch.* Zürich: Theologischer Verlag Zürich.

P., C. (2014, April 28). Fonds national suisse de la recherche scientifique FNS-SNF: L'édition académique en danger! Die akademischen Verlage sind in Gefahr! Abgerufen 12. Mai 2020, von Avaaz website: https://secure.avaaz.org/fr/community_petitions/Fonds_national_suisse_de_la_recherche_scientifique_FNSSNF_Ledition_academique_en_danger_Die_akademischen_Verlage_sind_in/

Papier. (2020). In *Wikipedia*. Abgerufen 3. April 2020, von https://de.wikipedia.org/w/index.php?title=Papier&oldid=199059329

Passig, K., & Lobo, S. (2012). *Internet: Segen oder Fluch* (1. Auflage Oktober 2012). Berlin: Rowohlt Berlin.

Petersen, D.-E. (1999). Die Mikroform: Chance und Gefahr für das Buch. *IADA preprints,* 172-175.

Phelps, C. E. (1997, Mai 30). The Future of Scholarly Communication: A Proposal for Change. Abgerufen 12. März 2020, von https://web.archive.org/web/20031103180850/http://www.econ.rochester.edu/Faculty/Phelps_paper.html

Philosophen-Lexikon. Handwörterbuch der Philosophie nach Personen. Zweiter Band L-Z. (1950). In W. Ziegenfuss & G. Jung (Hrsg.), *Philosophen-Lexikon.* Berlin: De Gruyter.

Plato. (2019). *Phaidros* (T. Paulsen & R. Rehn, Hrsg.). Hamburg: Felix Meiner Verlag.

Powell, J. J. W., Fernandez, F., Crist, J. T., Dusdal, J., Zhang, L., & Baker, D. P. (2017). The Worldwide Triumph of the Research University and Globalizing Science. *International Perspectives on Education & Society, 33.*

Powell, T. (2001). The Knowledge Value Chain (KVC): How to Fix It When It Breaks. In M. E. Williams (Hrsg.), *Proceedings of the 22nd National Online Meeting. New York, May 2001.* Medford: Information Today, Inc.

Poynder, R. (2004). Poynder On Point: Ten Years After. *Information Today, 21*(9), 1.46.

Project Gutenberg. (o. J.). Abgerufen 8. Mai 2020, von Project Gutenberg website: http://www.gutenberg.org/

Proquest. (o. J.). Ulrich's Periodicals Directory™ (57th edition) 2019—Ulrich's Periodicals Directory™ (57th edition) 2019. Abgerufen 23. April 2020, von https://www.proquest.com/products-services/related/Ulrichs-Periodicals-Directory.html

Public Knowledge Project. (o. J.). Abgerufen 11. Mai 2020, von https://pkp.sfu.ca/

Public Library of Science. (o. J.). In *Academic dictionaries and encyclopedias*. Abgerufen 17. März 2020, von https://deacademic.com/dic.nsf/dewiki/1139624

*PubMed Help*. (2005). Bethesda (MD): National Center for Biotechnology Information (US).

Rautenberg, U. (Hrsg.). (2015). *Reclams Sachlexikon des Buches: Von der Handschrift zum E-Book* (3. vollständig überarbeitete Auflage). Stuttgart: Reclam.

ReadCube – Software for Researchers, Libraries, and Publishers. (o. J.). Abgerufen 14. Mai 2020, von https://www.readcube.com/home

Regazzi, J. J. (2014). *Infonomics and the business of free: Modern value creation for information services*. https://doi.org/10.4018/978-1-4666-4454-0

Rémond, M. (2015, Juni 29). Le Journal des Sçavans [Billet]. Abgerufen 16. April 2020, von Conserver, enseigner, chercher website: https://tresoramu.hypotheses.org/462

Research Blogging [Science Blog]. (2015, 2020). Abgerufen 14. Mai 2020, von http://researchblogging.org/

researchgate.NET. (2015, Februar 12). Introducing the RG Format. Abgerufen 14. Mai 2020, von ResearchGate website: https://www.researchgate.net/blog/post/introducing-the-rg-format

Reuning, A., & Meyer, A. (2019, Januar 20). Signifikant oder nicht? – Wenn Studien einem zweiten Blick nicht standhalten. Abgerufen 12. Mai 2020, von Deutschlandfunk website: https://www.deutschlandfunk.de/signifikant-oder-nicht-wenn-studien-einem-zweiten-blick.740.de.html?dram:article_id=438216

Rexroth, F. (2018). *Fröhliche Scholastik: Die Wissenschaftsrevolution des Mittelalters*. München: C.H.Beck.

Rheinberger, H.-J. (2015). *Natur und Kultur im Spiegel des Wissens: Marsilius-Vorlesung am 6. Februar 2014*. Heidelberg, Neckar: Universitätsverlag Winter GmbH.

Rheinberger, H.-J. (2018). *Experimentalität: Hans-Jörg Rheinberger im Gespräch über Labor, Atelier und Archiv*. Berlin: Kadmos.

Riepl, W. (1913). *Das Nachrichtenwesen des Altertums mit besonderer Rücksicht auf die Römer* (Nachdruck 1972 bei Olms, Hildesheim). Leipzig: Teubner.

Rösch, H. (2004). Wissenschaftliche Kommunikation und Bibliotheken im Wandel. *Bit online*, *2*, 113–125.

Rubio, A. V. (1992). Scientific production of Spanish universities in the fields of Social Sciences and Language. *Scientometrics*, *24*(1), 3–19. https://doi.org/10.1007/BF02026470

Rühle, A. (2009, Januar 29). Quantität vor Qualität. *Süddeutsche.de*. Abgerufen 19. März 2020, von https://www.sueddeutsche.de/karriere/gute-und-schlechte-hochschullehre-quantitaet-vor-qualitaet-1.482812

Schäffler, H. (2012). Open Access – Ansätze und Perspektiven in den Geistes- und Kulturwissenschaften. *Bibliothek Forschung und Praxis*, *36*(3). https://doi.org/10.1515/bfp-2012-0040

Schirrmacher, F. (2009). *Payback: Warum wir im Informationszeitalter gezwungen sind zu tun, was wir nicht tun wollen, und wie wir die Kontrolle über unser Denken zurückgewinnen* (2. Auflage,). München: Karl Blessing Verlag.

Schulz, G. (1973). *Buchhandels-Ploetz: Abriss der Geschichte des deutschsprachigen Buchhandels von Gutenberg bis zur Gegenwart*. Würzburg: Ploetz.

Science Podcasts [Podcast Directory]. (2020). Abgerufen 14. Mai 2020, von Science | AAAS website: https://www.sciencemag.org/podcasts

ScienceBlogs—Where the world discusses science. [Science Blog]. (2006, 2020). Abgerufen 14. Mai 2020, von https://scienceblogs.com/

ScienceOpen [Scientific social network]. (2020). Abgerufen 14. Mai 2020, von https://www.scienceopen.com/

Seiffert, H. (1969). *Einführung in die Wissenschaftstheorie*. München: C.H.Beck.
Selke, S. (2014). *Lifelogging: Wie die digitale Selbstvermessung unsere Gesellschaft verändert*. Ullstein eBooks.
SHERPA RoMEO Colours, Pre-print, Post-print, Definitions and Terms. (o. J.). Abgerufen 11. Mai 2020, von http://www.sherpa.ac.uk/romeoinfo.html#colours
Shorley, D., & Jubb, M. (Hrsg.). (2013). *The Future of Scholarly Communication*. https://doi.org/10.29085/9781856049610
Shuttleworth, S., & Charnley, B. (2016). Science periodicals in the nineteenth and twenty-first centuries. *Notes and Records: the Royal Society Journal of the History of Science, 70*(4), 297–304. https://doi.org/10.1098/rsnr.2016.0026
Siebeck, G. (2014). Open Access und offene Fragen. 24 Thesen aus verlegerischer Sicht. *VSH-Bulletin*, (2/3), 41–45.
Signatoren der Berliner Erklärung. (o. J.). Abgerufen 8. Mai 2020, von https://openaccess.mpg.de/3883/Signatories
Spiewak, M., Albrecht, H., Bahnsen, U., Habekuß, F., Kara, S., Nieuwenhuizen, A., ... Willmann, U. (2017, Dezember 27). Wissenschaft: Wer hat das geschrieben? *Die Zeit*. Abgerufen 18. Mai 2020, von https://www.zeit.de/2018/01/wissenschaft-autorenzahl-studie-forschungsartikel
Spitzer, M. (2012). *Digitale Demenz: Wie wir uns und unsere Kinder um den Verstand bringen*. München: Droemer.
Spitzer, M. (2013). *Das (un)soziale Gehirn: Wie wir imitieren, kommunizieren und korrumpieren*. Stuttgart: Schattauer.
Springer to acquire BioMed Central Group. (2008, Oktober 7). Abgerufen 16. April 2020, von Springer.com website: http://www.springer.com/about+springer/media/pressreleases?SGWID=0-11002-2-805003-0
Stahl, F. (2005). *Paid Content: Strategien zur Preisgestaltung beim elektronischen Handel mit digitalen Inhalten*. https://doi.org/10.1007/978-3-322-82079-2
Stanford University. (2015, Juli 20). John Willinsky to study open access publishing with research grant from MacArthur Foundation. Abgerufen 14. Mai 2020, von Stanford Graduate School of Education website: https://ed.stanford.edu/news/new-grant-study-open-access-publishing
Stichweh, R. (1977). *Ausdifferenzierung der Wissenschaft: Eine Analyse am deutschen Beispiel*. Bielefeld.
Stichweh, R. (1979). Differenzierung der Wissenschaft. *Zeitschrift für Soziologie, 8*(1), 82–101.
Stöber, R. (2013). *Neue Medien: Geschichte : von Gutenberg bis Apple und Google : Medieninnovation und Evolution*. Bremen: Edition Lumière.
Strangelove, M., & Kovacs, D. (1992). *Directory of Electronic Journals, Newsletters, and Academic Discussion Lists*. Washington, DC: Association of Research Libraries.
Suber, P. (2016). *Knowledge unbound: Selected writings on Open Access, 2002–2011*. Cambridge Massachusetts: The MIT Press.
Szlezák, T. A. (1993). *Platon lesen*. Stuttfart-Bad Cannstatt: Fromman-Holzboog.
Taubert, N., Hobert, A., Fraser, N., Jahn, N., & Iravani, E. (2019). Open Access—Towards a non-normative and systematic understanding. *arXiv:1910.11568 [cs]*.
Textexture: The Non-Linear Reading Machine [Software tool]. (o. J.). Abgerufen 14. Mai 2020, von Nodus Labs website: https://noduslabs.com/cases/textexture-non-linear-reading-machine/
Thess, A. (2019). Open Access – ein Zwischenruf. *Forschung & Lehre*, (8), 726–728.

Thomas, C. (2005). Digitale Bibliotheken. Von elektronischen Publikationen zu vernetztem Informations- und Wissensmanagement. *Wissenschaftsmanagement Zeitschrift für Innovation. special: Management im virtuellen Forschungsraum*, (1), 21.
Thompson, J. W. (2002). The Death of the Scholarly Monograph in the Humanities? Citation Patterns in Literary Scholarship. *Libri*, *52*(3), 121–136. https://doi.org/10.1515/LIBR.2002.121
Thorin, S. E. (2006). Global Changes in Scholarly Communication. In H. S. Ching, P. W. T. Poon, & C. McNaught (Hrsg.), *eLearning and Digital Publishing* (S. 221–240). https://doi.org/10.1007/1-4020-3651-5_12
*Timeline 2002—Open Access Directory*. (o. J.). Abgerufen 3. April 2020, von http://oad.simmons.edu/oadwiki/Timeline_2002
Tölke, S. (2014, Januar 9). Die Renaissance: Das Thema. Abgerufen 25. Mai 2020, von Radio-Wissen website: https://www.br.de/radio/bayern2/sendungen/radiowissen/geschichte/renaissance-wiedergeburt-thema-100.html
@TwournalOf. (2014, Februar 15). Twitter: Twournal Of .. (@TwournalOf) [Twitter Journal]. Abgerufen 14. Mai 2020, von Twitter website: https://twitter.com/twournalof
Umstätter, W. (2002). Was ist und was kann eine wissenschaftliche Zeitschrift heute und morgen leisten. In H. Parthey & W. Umstätter (Hrsg.), *Wissenschaftliche Zeitschrift und Digitale Bibliothek: Wissenschaftsforschung Jahrbuch 2002* (S. 143–166).
UNESCO. (1971). *UNISIST: study report on the feasibility of a World Science Information System—UNESCO Digital Library*. Abgerufen 23. März 2020, von https://unesdoc.unesco.org/ark:/48223/pf0000064862
University of Southampton. (o. J.-a). Curriculum Vitae: Stevan Harnad. Abgerufen 17. Juni 2020, von University of Southampton website: https://www.southampton.ac.uk/~harnad/vita.html
University of Southampton. (o. J.-b). Registry of Open Access Repositories. Abgerufen 12. Mai 2020, von http://roar.eprints.org/
van Dalen, H. P., & Klamer, A. (2005). Is Science A Case of Wasteful Competition? *Kyklos*, *58*(3), 395–414.
Vickery, B. (1990). The growth of scientific literature, 1660–1970. In D. J. Foskett (Hrsg.), *Information Environment: A World View—Studies in Honour of Prof. A. I. Mikhailov* (S. 101–109). USA: Elsevier Science Inc.
Vickery, B. (1999). A century of scientific and technical information. *Journal of Documentation*, *55*(5), 476–527. https://doi.org/10.1108/EUM0000000007155
Visualize any Text as a Network—Textexture. (2012). Abgerufen 26. Mai 2020, von Textexture Text Network Visualization website: http://textexture.com
von Goethe, J. W. (1808). *Faust. Eine Tragödie von Goethe. Der Tragödie erster Teil*. Tübingen: J. G. Cotta.
von Schubert, P. (2014, Juli 25). Mehr Menschen über aktuelle Forschung informieren | NZZ. *Neue Zürcher Zeitung*. Abgerufen 29. März 2020, von https://www.nzz.ch/meinung/debatte/verbreitung-von-forschung-1.18350109
Wagner, G. (2020, April 12). Gibt es die Replikationskrise?: Wissenschaftliche Irrtümer in Serie. *FAZ.NET*. Abgerufen 28. Mai 2020, von https://www.faz.net/1.6715100
Webster, D. E. (1991). The Economics of Journal Publishing: The Librarian's View. In K. Brookfield (Hrsg.), *Scholarly Communications and Serials Prices* (S. 27–38). London: Bowker-Saur.

Weinberg, A. M., & and Others. (1963). *Science, Government, and Information: The Responsibilities of the Technical Community and the Government in the Transfer of Information.*

Weinberger, D. (2013). Die digitale Glaskugel. In H. Geiselberger & T. Moorstedt (Hrsg.), *Big Data: Das neue Versprechen der Allwissenheit* (S. 219–237). Berlin: Suhrkamp.

Wells, A. (1999). Exploring the Development of the Independent, Electronic, Scholarly Journal. *University of Sheffield, Department of Information Studies.* Abgerufen 13. März 2020, von https://web.archive.org/web/20130114140624/http:/panizzi.shef.ac.uk/elecdiss/edl0001/index.html

Wenzel, U. J. (2014, Mai 27). Open Access | NZZ. *Neue Zürcher Zeitung.* Abgerufen 1. Juni 2020, von https://www.nzz.ch/feuilleton/open-access-1.18310145

Wilhelm von Champeaux. (2019). In *Wikipedia*. Abgerufen 3. April 2020, von https://de.wikipedia.org/w/index.php?title=Wilhelm_von_Champeaux&oldid=194513847

Willinsky, J. (2006). *The access principle: The case for open access to research and scholarship.* Cambridge, Mass: The MIT Press.

Wirth, U. (2002). Schwatzhafter Schriftverkehr. Chatten in den Zeiten des Modemfiebers. In S. Münker & A. Roesler (Hrsg.), *Praxis Internet. Kulturtechniken der vernetzten Welt* (S. 208–231). Frankfurt am Main: Suhrkamp.

Wischenbart, R. (2019). *Global 50 The World Ranking of the Publishing Industry 2019.* Paris: Livres Hebdo.

Wissenschaft. (1905). In *Meyers Großes Konversationslexikon. Ein Nachschlagewerk des allgemeinen Wissens.* (6. Aufl.). Abgerufen 2. März 2020, von http://woerterbuchnetz.de/cgi-bin/WBNetz/wbgui_py?sigle=Meyers&mode=Vernetzung&lemid=IW03754#XIW03754

Wolf, M. (2009). *Das lesende Gehirn: Wie der Mensch zum Lesen kam – und was es in unseren Köpfen bewirkt.* Heidelberg: Spektrum Akademischer Verlag.

Woodward, H. (1993). *The international serials industry.* Aldershot: Gower.

Wouters, P. (2017). Eugene Garfield (1925–2017). *Nature, 543*(7646), 492–492. https://doi.org/10.1038/543492a

Zehnpfennig, B. (1997). *Platon zur Einführung.* Hamburg: Junius-Verlag.

Ziman, J. M. (1968). *Public knowledge: An essay concerning the social dimension of science.* Cambridge: University Press.

Zott, R. (2011). Der Brief und das Blatt. Die Entstehung wissenschaftlicher Zeitschriften aus der Gelehrtenkorrespondenz. In H. Parthey & W. Umstätter (Hrsg.), *Wissenschaftliche Zeitschrift und Digitale Bibliothek: Wissenschaftsforschung Jahrbuch 2002* (2. Aufl., S. 47–60). Berlin: Gesellschaft für Wissenschaftsforschung.

CPSIA information can be obtained
at www.ICGtesting.com
Printed in the USA
LVHW080516250920
667019LV00003B/19